吉林大学 985 工程仿生平台资助出版

基于仿生算法的农业非点源污染系统动态模拟研究

Study on the agricultural non-point source pollution dynamic simulation which based on bionic algorithm

郭鸿鹏　著

U0271746

中国环境出版社·北京

图书在版编目（CIP）数据

基于仿生算法的农业非点源污染系统动态模拟研究/
郭鸿鹏著. —北京：中国环境出版社，2013.7
ISBN 978-7-5111-1386-3

Ⅰ.①基⋯ Ⅱ.①郭⋯ Ⅲ.①农业污染源—非点源污
染源—污染控制—研究 Ⅳ.①X501

中国版本图书馆 CIP 数据核字（2013）第 054898 号

出 版 人　王新程
责任编辑　孔　锦　郭媛媛
助理编辑　李雅思
责任校对　尹　芳
封面设计　宋　瑞

出版发行　中国环境出版社
　　　　　（100062　北京市东城区广渠门内大街 16 号）
　　　　　网　　　址：http://www.cesp.com.cn
　　　　　电子邮箱：bjgl@cesp.com.cn
　　　　　联系电话：010-67112765（编辑管理部）
　　　　　　　　　　010-67187041（学术著作图书出版中心）
　　　　　发行热线：010-67125803，010-67113405（传真）
印　　刷　北京市联华印刷厂
经　　销　各地新华书店
版　　次　2013 年 7 月第 1 版
印　　次　2013 年 7 月第 1 次印刷
开　　本　787×960　1/16
印　　张　13.75
字　　数　240 千字
定　　价　48.00 元

【版权所有。未经许可，请勿翻印、转载，违者必究。】
如有缺页、破损、倒装等印装质量问题，请寄回本社更换

序

近年来，在全球经济迅猛发展的同时，环境问题日益凸显并开始引人瞩目，环境污染可依污染源特点分为点源污染和非点源污染两大类。随着点源污染控制能力的提高，非点源污染的严重性逐渐显现，非点源污染的调控日益成为解决环境问题的关键，逐渐得到各国政府环境保护部门的高度重视。农业非点源污染作为主要的非点源污染，因其显著的随机性、广泛性、滞后性、模糊性以及潜伏性等特点一度被忽视，其污染扩散造成严重的后果，最直接、最显著的危害对象是水环境。

我国作为世界的人口大国、农业大国，长期粗放型的农业生产经营模式，较低的农业生产力水平、环保意识以及较差的环保技能，使得我国的农业非点源污染隐患较深，并逐渐显现。在过去的50多年中，中国粮食产量不断增加，其中重要的原因之一就是化肥、农药等农业投入品施用量增加。在一些地方，由于过量施用化肥造成土壤肥力持续下降，农民为维持农田生产能力，更加依赖于增施化肥，长此以往，形成恶性循环，导致农田土壤生态环境严重恶化。吉林省作为我国粮食主产区、重要的商品粮基地，仅农田化肥施用强度单项指标就远高于全国的平均水平，达到世界平均水平的3倍之多。为了实现农业可持续发展，实现社会主义新农村建设的基本目标，调控农业非点源污染、保护农业生态环境已成为迫在眉睫的工作任务。该研究正是在这一背景下展开的。

西方国家的非点源污染研究，多是因素分析以及污染物迁移转化机理等的模型研究，研究模型主要有：用于预测预报的 RUSLE、WEEP 和 EPIC 等模型，以及用于流域水文过程模拟的 CREAMS 和 ANSWERS 等模型，还有用于流域管理措施评价的 AGNPS 等模型，用于研究流域尺度污染迁移转化的 CREAM、CLEAMS、HSPF、SWMM 等模型。随着计算机技术的迅速发展，以及与"3S"技术的结合应用，数学运算、数据库、空间信息处理、可视化模拟、多维评价等相集合的超大型模型开始应用于非点源污染研究。我国对农业非点源污染的研究，主要应用 AnnAGNPS 模型以及 SWAT 模型。而国内外基于仿生科学的农业非点源污染的研究及研究成果相对欠缺。鉴于此，结合我在系统科学以及仿生科学方面的研究，我建议作者开展"基于仿生算法的农业非点源污染系统动态模拟研究"，将仿生学与系统科学结合起来对农业非点源污染进行动态模拟研究，并以新立城水库为研究区进行实例系统动态模拟，以吉林省为研究区对其农业非点源污染调控体系的建立提出政策建议。我建议作者从基于博弈论的农业非点源污染调控农户行为分析、基于仿生神经网络算法的农业非点源污染预测研究、基于 AnnAGNPS 模型的农业非点源污染系统动态模拟、基于系统动力学的新立城水库农业非点源污染系统动态模拟研究、吉林省农业非点源污染及调控现状调查与分析、吉林省农业非点源污染调控体系研究等方面进行科学深入的研究，研究内容主要包括以下几个方面。

第一，运用博弈论的相关模型，分别针对农户是否参与农业非点源污染调控措施的行为决策问题、农业非点源污染调控中涉及的公共物品的供给投资问题，从农户与农户、农户与政府的角度展开了博弈分析，并根据博弈结果对农业非点源污染调控的有效实施提供决策支持和科学建议。

第二，使用仿生神经网络算法，通过确定模型输入输出节点、统计整理数据、训练模型结构以及分析训练结果等步骤，对农业源化学需氧量和氨氮排放量进行准确计算与预测，探讨应用该方法进行测算的可行性，如果该方法可行，将应用于农业源减排规划和管理中。

第三，运用 AnnAGNPS 模型，通过对研究区非点源污染实地调查、确定输入参数、处理空间数据以及模型运算等步骤，对新立城水库流域进行 AnnAGNPS 模型模拟。并对模型结果进行分析，结合该区域的年内平均降雨量，绘制总氮、总磷以及泥沙输出量的时间分布图，根据分布图确定污染物负荷与降水量之间的关系，为农业非点源污染调控体系研究提供依据。

第四，应用系统动力学动态模拟模型对新立城水库流域农业非点源污染控制政策的效率评价模型进行动态模拟。通过确定模型的时间和步长、确定模型参数以及模型检验等相关步骤，得到动态模拟结果，并对结果进行分析。分别对控制政策效应动态模拟结果、控制政策效率动态模拟结果进行分析，并基于此对农业非点源污染控制政策提出了相应的政策建议。

第五，在对吉林省农业非点源污染及调控现状进行实地调研基础上，找出吉林省农业非点源污染调控的难点，确立吉林省农业非点源污染调控的目标、思路，从工程技术措施、政策制度措施、非正式制度措施等方面分类分析、总结调控措施集，进而构建了吉林省农业非点源污染调控体系。

通过以上几方面的研究工作，对吉林省农业非点源污染有了一个仿生学角度的定位，这是前所未有的；仿生学作为一门"朝阳"科学，广泛地应用于各个研究领域，具有巨大的发展空间。因此，此项研究成果，不仅具有一定的开创性，而且具有广泛的实际应用价值。这项成果不仅可以作为农业资源环境研究领域同行的参考，也可以作为政府环保部门决策的建议。我与作者同样地专注于我国"三农"问题研究，可以说是志同道合；作者更专注于农业资源环境相关问题的研究，而我更专注于农业系统工程相关领域，也可以说是相辅相成。因此，我对这项研究成果给予高度关注。受作者委托，我代为写序，敬请广大学者、同行批评指正。

吉林大学生物与农业工程学院

院长 教授 博士生导师

2013 年 1 月 24 日

前　言

　　近几十年来，在全球经济快速发展的同时，环境恶化的趋势凸显。我国作为世界的人口大国、农业大国，情况也不容乐观。我国用世界7%的耕地和6%的水资源支撑着全球22%的人口。由于我国农业整体生产力水平不高，农业科技含量较低、农民环保意识较差，特别是长期以来粗放的农业生产方式，使得农业资源短缺、生态破坏和环境污染问题日益成为制约农业可持续发展的重要因素。环境污染依来源不同可分为点源和非点源（或称作面源）污染，随着点源污染控制能力的提高，非点源污染的严重性逐渐显现，其中，农业非点源污染占越来越大的比重。目前，我国的农业污染已占到全部污染的1/3，并呈现出来源扩大、复合交叉和时空延伸等新特征，对农业环境格局的扰动和生态系统的损害日益加剧，总体态势非常严峻。

　　鉴于我国的国情和粮食安全保障的巨大压力，在过去的50多年中，中国粮食产量不断增加，其中重要的原因之一就是化肥、农药等农业投入品施用量增加。在一些地方，由于过量施用化肥造成土壤肥力持续下降，农民为维持农田生产能力，更加依赖于增施化肥，长此以往，形成恶性循环，导致农田土壤生态环境严重恶化。至2005年，我国受不同程度污染的耕地面积已近2 000万 hm^2，10%以上的耕地受化肥、农药污染，程度较重的已有133万 hm^2。

　　从总量上看，我国耕种着全球7%的耕地，但却消耗了占全世界近1/3的氮肥，化肥施用量居全球第一。从强度上看，2005年全国农作物播种总面积为15 548.72

万 hm^2，化肥施用量为 4 636.8 万 t，合计化肥施用强度为 2 982 t/万 hm^2，同期的世界平均化肥施用强度为 1 000 t/万 hm^2（数据来源：中国农业信息网，FAO 统计数据），相比之下，我国化肥施用强度是世界平均水平的近 3 倍。由于氮肥施用过量，我国氮肥平均利用率仅为 35%，大约相当于发达国家的 1/2，过量的营养物质流失到环境中，引发了严重的非点源污染问题：污染地下水；使湖泊、池塘、河流和浅海水域生态系统富营养化；施用的氮肥中约有一半挥发，以 N_2O 气体形式散失到空气中，加剧温室效应。过量的氮肥形成了"从地下到空中"的立体污染。事实上，我国不仅是世界上最大的化肥施用国，也是最大的农药施用国。农药同样存在过度施用问题，目前我国农药的过量施用在水稻生产中达 40%，在棉花生产中超过了 50%。许多被禁止的农药依然在使用，不仅对环境造成损害，也造成食品中的有害残留。

作为东北粮食主产区的吉林省，人均粮食占有量居全国第一，也同样面临严重的农业非点源污染问题。2005 年，吉林省农作物播种总面积为 49 541 万 hm^2，化肥施用量为 159.1 万 t，合计化肥施用强度为 32.115 t/万 hm^2，高于全国平均水平，且是世界平均水平的 3 倍之多。过量施肥是农业非点源污染的主要来源，在我国农业非点源污染严重的情况下，吉林省是有过之而无不及。吉林省主要江河干流水体多数都在三类以下。在 2001 年，吉林省玉米生产成本中化肥的比例已占 2/3，随着近年化肥施用量的逐年增加，化肥成本在农业生产总成本中的比重更为可观。因此，减少化肥施用，不仅能减少非点源污染，还可以大大降低成本，提高经济效益。

纵观世界各国，从发达国家到发展中国家无一例外都十分关注农业非点源污染问题，对引起农业非点源污染的社会、经济根源进行研究，查找体制上的原因，逐步完善农业环境保护法规，制定一系列保护农业环境、实现农业可持续发展的政策是当前的热点问题。温家宝总理在 2006 年 4 月于北京召开的第六次全国环境保护大会上指出："做好新形势下的环保工作，要加快实现三个转变：一是从重经济增长轻环境保护转变为保护环境与经济增长并重，在保护环境中求发展；二是从环境保护滞后于经济发展转变为环境保护和经济发展同步；三是从主要用行政办法保护环境转变为综合运用法律、经济、技术和必要的行政办法解决环境问题。"《中华人民共和国国民经济和社会发展第十一个五年规划纲要》中也明确规定："按照谁开发谁保护、谁受益谁补偿的原则，建立生态补偿机制"。这一纲要精神也为农业非点源污染这一典型且热点的环境问题的解决方案提供了指导。此外，在可持续发展农业的评价指标体系中，面向决策的农业环境指标已经包含了农业养分使用指标、农业杀虫剂使用、农业利用指标等。其中包括了对化肥施用量、残留量、水体的考察。可见，农业环境对于农业可持续发展有着举足轻重的作用，因此，研究农业非点源污染的调控机制在现阶段不但具有必要性，更具有紧迫性。

目　录

1 农业非点源污染概述

1.1 农业非点源污染概述

1.1.1 农业非点源污染的来源

农业非点源污染，又称农业面源污染，这是相对于点源污染而言的，指在农业生产和生活过程中产生的、未经合理处置的化肥、农药、禽畜粪便等污染源使大气圈、土壤圈、水圈中的污染物浓度升高，有害物质浓度增加，即对水体、土壤及农业生态系统造成的污染。农业非点源污染概念的具体说法不一，但不同定义的基本内涵是一致的，即在不确定的时间、不确定的地点，污染物通过蒸发、地表径流、沉积等方式汇入受纳水体、土壤所造成的污染。农业非点源污染的成因有水土流失、农药化肥的过量使用、土地利用方式的不合理等自然的和人为的原因。其污染源分散、污染物来自大面积、大范围，时空上无法定点监测。具体来说，吉林省新立城水库流域的农业非点源污染主要是由在农业生产、生活中产生的污染物质在大面积降水和径流冲刷作用下，随地面径流或经土壤、地下水系统淋滤、循环进入地表水体所造成的污染。它包括暴雨径流、大气干湿沉降及底泥释放等诸多方面，其中暴雨径流是伴随水文循环初期过程而发生的一种污染面最大、随机性最强的污染来源。

农业非点源污染的形成机理是我们进行农业非点源污染研究的基础。从本质上来说，农业非点源污染是污染物从土壤圈向水圈、大气圈的转移扩散过程。因此，农业非点源污染迁移机理包括两个方面：一是污染物在土壤圈中的扩散；二是污染物在外界条件（降水、灌溉等）下从土壤向水体扩散的过程。具体来说，农业非点源污染的形成及迁移过程是由于对农业生产中投施的化学物质处置不当和随意排放，使其扩散到土壤圈层，在土壤中的污染物受到降水、灌溉等地表径流的作用，土壤进而迁移到水圈，同时受挥发作用影响，一部分污染物从土壤圈挥发到大气中。其迁移过程包括降雨径流、土壤侵蚀、土壤溶质渗漏和土表溶质溶出等几个相互联系、相互作用的环节。水环境的农业非点源污染是指由排放的污染物进入水体形成的水体污染。其中包括大气干沉降、大气湿沉降、降雨径流、污染物随径流流失过程和生物污染等诸多方面。

1.1.2　农业非点源污染的特点

农业非点源污染的特点主要体现在以下几个方面。

（1）随机性

从非点源污染的起源和形成过程分析，非点源污染与区域降水过程密切相关。此外，非点源污染的形成与土壤结构、农作物类型、气候、地质地貌等因素密切相关。由于降水的随机性和其他影响因子的不确定性，非点源污染的形成也具有较大的不确定性。

（2）广泛性

随着世界经济的发展，人工生产的许多为自然环境无法降解、消化的化学物质逐年增多，在地球表层分布广泛，随径流进入水体的污染物也随处可见，其对生态环境的影响更是深远而广泛。

（3）滞后性

农田中农药和化肥施用造成的污染，在很大程度上与降雨和径流立即发生密切相关，同时也与农药和化肥的施用量有关。研究表明，化肥施用后，若遇到降雨，造成的农业非点源污染十分严重。而且，农药和化肥在农田存在的时间长短会影响非点源污染形成的滞后性的大小。通常情况下，农药、化肥的施用所造成的农业非点源污染是长期的。

（4）模糊性

影响农业非点源污染的因子复杂多样。由于缺乏明确固定的污染源，在判断污染物来源时难度较大。例如不同的农药、化肥施用量在生长季节、农作物类型、施用方式、土壤性质和降水条件不同时，所导致的农药和养分的流失将会有巨大的差异，而不同因子之间又相互作用，因而，非点源污染的形成机理具有显著的模糊性。

（5）潜伏性

以农药、化肥施用为例，使用后，若无降水或灌溉，形成的非点源污染较弱。因此，非点源污染通常直接起因于降水和灌溉的时间。地面上散落的垃圾以及其他附着于建筑物表面的污染物均是潜在的非点源污染源。

（6）研究和控制难度大

非点源污染来源的复杂性、机理的模糊性和形成的潜伏性，为非点源污染的研究和控制增加了难度。

与点源污染相比，农业非点源污染形成过程较为复杂，其主要特点有污染发生时间不确定、污染的治理滞后、污染分布空间广泛、污染界定模糊、潜伏时间长，信息获取难度大，危害规模大，控制难度大等。农业非点源污染与点源污染之间的比较见表1-1。

表 1-1　地表水环境非点源污染与点源污染的主要特征比较

非点源污染	点源污染
1 具有高度动力学特征，且有随机性、间歇性、变化范围常超过几个数量级	1 较稳定的水流和水质
2 最严重的影响是在暴雨中或之后，即洪水时期	2 枯季低水期影响最严重（特别是夏季中的枯水期）
3 入水口一般不能测量，不能在发生之处进行监测，真正的源头难以或无法追踪	3 入水口能测量，以离散方式测量，其影响可以直接评价
4 受雨量、雨强、降雨时间、降雨水质等水文参数影响，历时一般有限	4 与流域气候、水文关系不大，历时一般较长
5 受流域下垫面特征影响	5 与流域下垫面特征基本无关
6 几乎所有的水体受非点源污染的影响	6 一定范围的河段受到影响
7 污染物以扩散方式排放，时断时续	7 污染物以连续方式排放
8 污染物种类几乎包括所有的污染物	8 污染物种类不如非点源广泛
9 污染发生在广阔的土地上，发生地表径流的地区，即为产生非点源污染的地区	9 在连续使用的小单元土地上不断发生
10 污染物的迁移转化很复杂，与人类的活动有直接关系	10 污染物的迁移相对简单

1.1.3　农业非点源污染的定义

根据农业非点源污染的成因和特点，本书概括了农业非点源污染的概念。所谓农业非点源污染，即在农业生产过程中，因施肥、施药、畜禽粪便处理等农业生产活动而给水体、土壤等造成的具有分散性、随机性、隐蔽性、不易监测、难以量化等特征的污染。

1.1.4　农业非点源污染的危害

农业非点源污染最直接、最显著的危害对象是水环境。从世界范围来看，点源污染得到全面控制之后，湖泊的水质达标率低于江河、海域的达标率约为 30%，江河的水质达标率约为 38%。农业非点源污染已经成为污染水环境的主要原因之一。据联合国教科文组织 1998 年公布的相关数据显示，近 20 年来世界饮用水源减少了 50%，在美国 60%的水体污染起源于非点源污染。近年来，在我国农药和化肥施用量增加、环境污染尤其是水环境污染已经成为研究中亟待探讨和解决的问题，农业非点源污染问题越发突出。农业非点源对水环境的污染主要为以下两个方面。

（1）污染水质

20 世纪初，大量的工业废水和生活污水排放进水体，湖泊、水库、河流的水质下降，水体富营养化问题开始凸显。水体富营养化是水体生态系统整体失衡的一种污染现象。造成水体富营养化的原因有两方面：一是城市生活污水、工厂废水、废物未经处理直接排放进湖泊、水库等水体内造成大量氮、磷、碳等营养元素富集，使得蓝藻、绿藻等大量异常繁殖，消耗水体养分，不但污染水质，而且造成水生生物因缺氧死亡。二是由于农业非点源污染造成的水土流失、化肥、农药等非点源输入，造成农田附近的湖泊、水库或海湾等封闭性或半封闭性的水体营养化。据有关调查显示，我国河流氮、磷等有机污染物含量呈逐年上升趋势，有 48%的地面水源和 76%的地下饮用水源受到污染并将危及人类健康。为了治理水体污染，人们将目标放在控制营养物质来源上，特别是点源污染，其中主要是工业生产和日常生活污水中所含有的氮、磷等元素。有关部门已经制定了一系列措施有效降低了城市污水和重污染企业污水排放中的氮磷等元素的含量，但水质状况并没有得到明显改善。调查结果表明农田的氮磷营养负荷大多数都高于城镇。此时，人们开始认识到农业非点源污染对水体富营养化的作用。我国农业生产发展走的是一条高投入高产出的道路，这样的模式会造成土壤中氮、磷养分盈余，盈余的氮、磷元素随降雨进入水体，造成水体中 NH_4^+-N 含量增高，成为水体富营养化最主要的污染源之一。

（2）损害人类健康

一方面，农药和化肥中携带的有毒、有害物质如多氯联苯等随降雨形成的地表径流进入受纳水体被水生生物吸收后，会在其体内转化，这些水生生物经过食物链进入人体，将引起人体中毒等不良后果，严重威胁人类健康。另一方面，水体尤其是地下水硝酸盐增加，对人类健康造成极大损害。世界粮农组织的统计结果表明，我国农业集约化地区的氮肥利用率不到一半，没有被农作物吸收的氮肥经自然环境的转化使地下水硝态氮、硝酸盐的比率明显上升。硝酸盐摄入人体后可经过化学作用还原成亚硝酸盐，亚硝酸盐是一种有毒物质，它直接可使人类中毒甚至致死。相关研究表明，癌症发病率与水源水的污染程度呈正比。受污染的水还会传播肠道疾病，如伤寒、痢疾等。饮水中硝态氮和亚硝态盐的毒性试验结果见表1-2。

表 1-2　饮水中硝酸盐、亚硝酸盐的毒性

动物名称	浓度/ （mg/L）	水中硝态氮影响	浓度/ （mg/L）	水中亚硝态氮影响
羊	120*	死亡	—	—
小羊	660	—	—	—
	1 000	16%血红蛋白变成高铁血红蛋白	—	—
犬	22～34	0.5%～56%血红蛋白变成高铁血红蛋白	—	—
	45～79	0.8%～75%血红蛋白变成高铁血红蛋白	—	—
猪	300	—	100	无
鼠	—	—	1	生长抑制生命缩短

注：＊饲料中含有硝酸盐。

1.1.5　农业非点源污染现状

20 世纪 70 年代以来，发达国家的污染控制经验表明，随着对工业废水和城市生活污水等点源污染的有效控制，非点源污染尤其是农业生产和生活引起的农业非点源污染，已经成为水环境污染最重要的来源。目前，农业非点源污染问题在全世界仍十分严峻：美国的非点源污染占污染总量的2/3，其中农业非点源污染的贡献率为75%左右。氮、磷营养元素是主要的农业非点源污染物质。美国环保局在提交国会的报告中指出，大量的农田养分流失是造成内陆湖泊富营养化的主要原因。在进入地表水体的污染物中，46%的泥沙、47%的总磷、52%的总氮均来自于农业径流污染。在丹麦 270 条河流中 94%的氮负荷、52%的磷负荷来自于非点源污染；荷兰来自于农业非点源污染的总氮、总磷分别占水环境污染总量的60%和40%。据统计，到 2020 年，OECD 国家农业总用水量将增长 15%，从农业入河的氮和 BOD 将至少增加 25%。目前，全球受农业污染源影响的陆地面积达30%～50%，在全球不同程度退化的 12 亿 hm² 耕地中，约 12%源于农业非点源污染。

世界银行的报道指出，中国地下水有将近 50%被农业非点源污染。据专家估算，目前中国水体氮磷污染物中来自工业、生活污水和农业非点源污染的大约各占 1/3；中国地表水的非点源污染也占很大比重，湖泊的氮磷 50%以上来自于农业非点源污染，如太湖，农业非点源氮量占入湖总氮量的 77%，磷占 33.4%。引起太湖水体富营养化的氮、磷营养中，来自农业非点源污染的分别占 38.5%、

15.1%，非点源污染的贡献率已超过点源污染。三峡大坝库区 1990 年的统计资料也表明，90%的悬浮物来自农田径流，N、P 大部分来源于农田径流；北方地区地下水污染严重。我国的化肥使用迅猛增长，从 1978 年的 88.5 kg/（hm^2·a）增至 1993 年的 193.5 kg/（hm^2·a），但有效利用率较低，平均每年农田氮肥流失率为 33.3%～73.6%；田间试验表明，喷洒的农药仅有 20%～30%附着在目标作物上，而 30%～50%落到地面，其余进入大气中。我国东部湖泊的污染负荷输入量中，农业非点源污染负荷入户量已超过 50%，大理洱海流域非点源氮、磷污染负荷分别占流域污染负荷的 97.1%和 92.5%，农田过量施用化肥是造成非点源污染的主要原因。

在点源污染逐步得到有效控制的同时，非点源污染的调控与治理将成为环境问题研究的重点。其中，来自农业生产和农村生活的农业非点源污染是非点源污染的主要来源，因而，农业非点源污染能否有效调控和治理将直接关系到整个环境问题解决的进程。

1.2 基于农业工程技术的农业非点源污染防治技术体系

农业非点源污染所具有的分散性、随机性、隐蔽性、滞后性、模糊性、潜伏性等特征使其监测精度低、监测成本大，治理难度远高于点源污染。农业非点源污染的个体排放不可观测，再加上污染运移过程的不完全信息以及从排污到监测的时间间隔，更加剧了在污染源与周围环境污染水平间建立关系的难度。为此，农业非点源污染的治理从客观上提出了源头治理的思路，并要求构建综合的农业非点源污染防治技术体系来为农业非点源污染的防治工作提供支持。

1.2.1 农业非点源污染防治的主体技术

农业非点源污染的来源众多，且扩散途径呈现隐性化、多样化的特征，因而，其防治的主体技术是针对污染来源、扩散的途径进行作用的。具体包括以下几类。

（1）科学施肥技术

农业生产过程中，化肥、农药等农业投入品的过量、不当施用是农业非点源污染的主要来源，其通过淋溶、渗漏作用对土壤、水体造成巨大的危害，直接威胁到人类和其他生物的健康。合理施用化肥可以有效地减少污染来源。氮磷钾肥混施可以减少营养元素的渗漏损失量；配施有机肥可以有效地降低营养元素的淋失率，减少元素从土壤中渗漏损失的数量；有机肥经过氧化分解处理后也可以降低营养元素的淋失率，因此，施用有机肥能明显提高土壤有机质的含量，并随施用量的增加而呈上升的趋势。因而，科学施肥提倡有机、无机肥料配合施用。农药的化学特性是影响农药渗漏的最重要的因子，在生产中应尽量选用被土壤吸附力强、降解快、半衰期短的农药，减少对土壤和地下水的污染风险。在农药施用时应尽量减少直接施到土壤表面。

在防止过量施肥方面，测土施肥、变量施肥、配方施肥等技术发挥了重要作用，实现了因地制宜地根据每个网格的农田土壤特征和农作物生长状况进行施肥用药，包括施肥的时间、方式、肥料的种类、施肥比例等都实现精细操作。

（2）缓冲带技术

缓冲带，全称保护缓冲带（Conservation buffer strips），能有效过滤从农田流失的沉积物、营养物质和杀虫剂，能够通过泥沙沉降、反硝化作用、植物吸收等作用对地表径流起到阻滞作用，调节入河洪峰流量，同时有效减少地表和地下径流中固体颗粒的养分含量。缓冲带在控制非点源污染的同时，还可以增加生物多样性和植被覆盖本，提高邻近水域溶解氧含量，从而改善区域环境。缓冲带可分为缓冲湿地、缓冲林带和缓冲草地带。国外在非点源污染治理中将缓冲湿地、缓冲林带和缓冲草地带有机结合起来，以增强防治效果。缓冲带对水域两岸农田的农业非点源污染防治有积极作用。

（3）污染物处理和防治技术

现已展开研究和应用的污染处理和防治技术包括村镇生活污水及农田排灌水氮磷污染控制技术（如筑建截污沟和泄洪沟，运用"土壤—植物—微生物"系统，综合处理污水）；暴雨径流、农村固体废物无害化处理技术（如用建"三位一体"农村户用沼气池的方法处理粪便，在农村建垃圾收集坑、生物净化厕所等）；农业废弃物的资源化技术（如秸秆还田技术、利用畜禽粪便生产沼气等）；快速修复技术；生物篱等地表径流及渗漏的生态拦截技术等。为了减少农用地膜的污染，可借鉴美国的先进技术和经验，推广玉米淀粉膜进行覆盖。

（4）保护性耕作技术

采用不同的耕作方式，对土壤养分的利用、化肥农药流失的控制有显著影响。实施保护性耕作可以有效控制农业非点源污染的形成和扩散。保护性耕作措施包括免耕、少耕、间套复种技术等。免耕、少耕可以大大减少土壤侵蚀和土壤有机碳的流失，亦相应地减少了氮和磷的流失量。间套复种技术可以利用不同作物对营养物需求比例的差异，充分利用土壤养分，减轻养分残余对周围水体造成的富营养化程度，调节土壤中各养分的比例，避免土地板结和盐碱化。此外，等高线条带种植技术，以及在坡面地区实施横坡耕作也可有效减少污染物向受纳水体运移。

（5）科学灌溉技术

主要是减少渠道渗漏和提高输水效率；大力发展沟灌和畦灌，提高田间水利用率；重点发展喷灌、微灌和滴灌技术。杜绝因传统的漫灌造成的养分流失和污染。通过合理灌溉进行水域控制是减少地区污染的关键因素。研究表明，在灌溉深度减少 50%、氮施用量减少 50%的同时农作物产量可以提高。合理灌溉是农民生产和畜禽废弃物处理要求与节约用水、保护环境之间最好的均衡。农作中营养元素的淋失率一般随着农田水分渗漏强度的增加而增加。在农业生产中采用节水灌溉方法，可以控制水分的渗漏强度，延缓和减少由于灌溉超渗所产生的农业化肥、农药及田间土壤有机质的淋失率，减少农业非点源污染的生成和扩散。

1.2.2　农业非点源污染防治的辅助技术

由于农业非点源污染的分散性、随机性、隐蔽性、滞后性等特点，使得防治工作一直受到定位、定量问题的困扰。因而，农业非点源污染的有效防治，除了依赖于农作技术的改善与应用外，还在很大程度上依赖于先进的定位技术和信息技术。

（1）3S 技术

非点源污染所具有的不确定性、隐蔽性、潜伏性等特点，使其不易被发现，因此，非点源污染的治理有必要依赖于遥感（Remote Sense，RS）等先进技术。RS 在农业非点源污染治理方面可应用于土地分类，找出主要的污染源、污染物种类、污染途径。RS 及全球定位系统（Global Positioning System，GPS）结合可获取水文气象、地形地质、土地利用、土壤种类、河流水系等数据，从而为治理提供准确、可靠的信息。

地理信息系统（Geographical Information System，GIS）源自 20 世纪 60 年代，于 20 世纪 80 年代开始被用于评价非点源污染。GIS 分层处理数据的功能极大地方便了非点源污染的模拟、预测和管理决策。利用 GIS 可模拟各影响因子以及非点源污染的空间分布，从而对不同条件下的污染状况进行识别和管理。GIS 在非点源污染控制领域的应用关键在于 GIS 技术与专业模型的有机结合。在实时遥感成像技术支持下，基于 GIS 的环境模型可有效地评价土壤侵蚀。国外学者已经将 GIS 与相应模型结合并运用于农业污染管理、地下水污染管理和暴雨径流分析等领域。也有学者将 GIS 与 AGNPS 模型相结合进行地表径流评价和预测。GIS 的空间信息管理的综合分析能力、RS 的空间动态监测能力和 GPS 的高精度定位能力针对农业非点源污染的特点，为监控和治理提供了有效的工具。

（2）决策支持系统技术

决策支持系统（Decision Support System，DSS）可以根据给定的气候条件与管理的强相关性，选择有效的污染防治措施。DSS 可以辅助农业非点源污染治理方案的设计，以实现多目标决策，还可以增强模型的模拟和预测能力。国内学者针对小流域非点源污染问题，应用 GIS 实现了农业非点源模型（AGNPS）的数据输入和结果分析功能，调用筛选模块生成较优的非点源污染控制技术组合集。国外学者针对超大型灌溉工程中地下水污染问题构建了含有 GIS 的 DSS 框架。此外，空间决策支持系统（Spatial Decision Support System，SDSS）是 DSS 的多模型组合建模技术与地理信息系统的空间分析技术的融合，将环境模型有效地结合入空间模型库，将 SDSS 应用于农业非点源污染防治中不确定性问题的解决以及辅助决策的实现目前也在研究中。这些项目都证实了 DSS 对农业非点源污染防治的辅助作用。

（3）示踪技术

同位素示踪技术可以与土壤学原理、计算机技术相结合，对农业生态系统中物质的循环和转化过程及机理进行研究，找到农业生态系统中物质的循环特点及其与作物产量、品质的关系，进而确定污染物的运移路径、确定污染范围，为农业非点源污染的治理指明方向，针对农业非点源污染具有隐蔽性这一特点提供解决方案。示踪技术与其他技术的集成使用还可以实现对污染负荷超标的预警。示踪技术在美国已有应用，研究证实，示踪技术可以为农用化学品和抗生素的使用提供信号。

1.2.3　农业非点源污染防治技术体系的构建

（1）构建的原则与目标

农业非点源污染防治技术体系的构建是一项复杂的系统工程，在实施的过程中需要充分考虑地区间地理差异、时空差异、经济发展的阶段差异、当地农民环境意识的差异、对生活质量的要求等因素，严禁"一刀切"，要结合当地的实际情况，遵循因地制宜的原则，以成本有效、环境有效、生态有效为目标来构建农业非点源污染防治技术体系。

（2）构建的思路

技术体系的构建要以"综合农业非点源污染防治的主体技术和辅助技术，注重基础设施和软环境建设"为思路展开。其中，技术支撑和基础设施建设作为硬件条件，成为农业非点源污染防治技术体系的核心，为污染的治理提供了可能；同时，国家相关政策对环境保护的倾向、地方政府的执行力度、农民的环境保护意识、农民的农作技术水平以及相关的激励机制作为整个体系的软环境，也为体系的有效运作发挥着重要的作用。因而，保持清晰的思路，在加强决策力的同时提高执行力，才能有效地促进防治技术体系的构建和运行。

（3）农业非点源污染防治技术体系模式

在近年国内外的研究成果中，符合农业非点源污染防治技术体系构建思路的相关模式有以下三种。

①最佳管理措施（Best Management Practices，BMPs）最初由美国国家环保局针对非点源污染问题提出，并由英、美等国率先应用。早在 20 世纪 70 年代，BMPs

在改善流域水质方面的有效性就已经得到验证。事实上，BMPs 是对综合控制措施的一种统称。该方法是目前防治或减少农业非点源污染最有效和最实际的措施。BMPs 着重于源的管理而不是污染物的处理。BMPs 的目标是缓解并改善现有水质，使由土地利用引起的水质、水量问题达到最小；防治和削减非点源污染负荷，维持并促进养分的最大利用和最少损失；实现农户个人收益与社会收益、环境收益之间的均衡；根据新获得的信息寻求 BMPs 措施，及时处理环境问题。BMPs 实质上就是一套既不损害生产者的经济利益，又能将农田营养物质对环境的危害降至最低限度的管理措施。

BMPs 的提出和研究使农业非点源污染防治工作走出了单一方法、技术难以应对的窘境，随着研究的深入，BMPs 实质上已经演变成一种思想，而并非一种确定的方法或手段。因此，BMPs 作为一种有效的防治模式，可以参与构建农业非点源污染防治技术体系。

②立体化削减模式。国内学者在系统分析了农业非点源污染的特点，对比了非点源污染与点源污染特点后，构建了包括控制类型、控制环节、控制手段三个层面的农业非点源污染的立体化削减体系，提出了相应的削减策略。

具体地，在控制类型层面，通过调整土地利用方式、提高化学品利用率、改变灌溉方式实现对种植型非点源污染的控制；通过推行清洁养殖、制定水产养殖容量、防治普遍性污染等措施控制养殖型非点源污染；通过建立生活、生产废弃物分类处理和回收点，完善管道设施、实行径污分流控制生活型非点源污染。进而实现对农业非点源污染多角度的控制与防治。在控制环节层面，实行产前减少非点源污染的产生量，产中减少非点源污染的排放量，产后通过建立缓冲带、生物篱埂、前置库等技术减少非点源污染的赋存量。在控制手段层面，从行政、经济、法律、教育、规划、技术等方面进行综合治理。

③生态农业的发展模式。发展生态农业的核心是在满足现代社会高产出、高效益的基础上，强化复合生态系统的内循环，即加强人与土地利用相互循环，辅以必要的催化增强物质，尽量减少产出后向环境的排放。一些技术已经得到了实践应用，如秸秆收割时碎断后覆盖还田；编织草绳网覆盖在土壤表层，以保持水土、减少污染；以循环经济理论为指导，在对生物物种共生型、综合开发复合型等多种生态农业系统进行研究的基础上提出的具有农业经济和生态环境效益"双赢"的"稻—鱼—萍、禽—鱼—蚌、桑—蚕—鱼"等模式。因此，生态农业是一种知识密集型的现代农业体系，是农业非点源污染防治的一种有效模式。

（4）农业非点源污染防治技术体系构建的关键点

①全面完善农业基础设施建设。第一，要加强农田水利设施建设。农田水利设施是科学农作、推行节水农业、提高农业生产效率的必要支撑，但现阶段，我

国相当一部分农产区的农田水利设施得不到保障，甚至处在缺位状态。农田水利设施的缺位不但影响了农业生产正常的灌溉和排灌，还降低了农业生产抵御自然灾害的能力、增大了农业生产的风险性，一定程度上使农民将农田增产的期望过高地寄托在化肥施用上，进而进一步加剧了过量施肥的程度，加剧了农业非点源污染的恶化。第二，要加速有线电视网络向农村的延伸，解决农村信息化网络建设的"最后一公里"问题，使农民能够方便、有效地利用信息技术和丰富的网络资源，了解先进的生产技术，进而缩短先进技术从研发到应用的周期，加大科技支农、科技惠农的力度。

②加强技术创新。一方面，要重视新型无公害、无污染的化肥、农药的开发和研制，从"源头治理"的角度优化农用物资，增加农业生产投入品的技术含量。另一方面，要加强对变量施肥技术、配方施肥技术，尤其是测土技术的研究。虽然这些技术现在已经较为成熟，但从应用角度上讲，还没有走出试验田，因而我们迫切需要的是通过技术创新、技术改革，降低科学施肥技术的实施成本，尤其是测土成本，重点开发廉价、便捷的测土设施，使这项利国利民的技术能够顺利推广。

③加强农村公共卫生管理。农村的公共卫生管理与城市相比有很大差距，这严重影响了农村居民生活水平的提高乃至人民健康。畜禽粪便沿途堆放、散养家禽粪便随排、生活污水、生活垃圾未经处理等这些问题的存在都为农业非点源污染的扩散埋下隐患。因而，我们应该加强地方的公共卫生管理，向农村引进污水、污染物处理系统，及早缓解农业非点源污染严重的局面。

④强化软环境。目前，农村的生产经营还没有完全摆脱粗放的经营模式，农民的农作技术还有待进一步提高。针对这一现状，我们需要在农村加强环保宣传，提高农民的环境保护意识，同时，加大力度实现农技培训进村入户，进一步提高农民的农技水平，使其尽快适应并应用新型的、环境友好型的农作技术，促进有利于环境保护、生态和谐的农业生产模式的推广。

此外，还需要国家有关部门加大对农业非点源污染防治问题的重视，在政策导向上给予有力、明确的指引，并建立适宜的激励机制。

1.3 农业非点源污染防治技术国内外研究现状及进展

1.3.1 农业非点源污染产生的原因

农业非点源污染的概念是与点源污染相对的，是指溶解性的或非溶解性的污染物从非特定的地域，在降水和径流作用的冲刷下，通过径流过程汇入受纳水体而引起的污染。

导致农业非点源污染的直接原因可以归纳为以下几类：①农业化肥、农药的过量、不合理施用，科学利用率低，导致土壤板结、营养元素淋溶和径流损失增大；②流域环境地表侵蚀引起的水土流失和径流污染，其中，土壤侵蚀是规模最大、危害程度最严重的一种农业非点源污染；③畜禽粪便、剩余饵料等导致的养殖污染；④农村生活污水未处理和非达标排放向非点源转化（如洗涤剂的大量使用）；⑤农膜等农业生产残留物和农村生活垃圾（垃圾堆放、雨水冲淋、秸秆焚烧）处理不当；⑥过度灌溉；⑦流域土地利用结构和土地利用类型（如农业用地、城镇用地、河湖水体、森利用地、道路用地以及滩涂荒地等）不合理。农业非点源污染主要由降雨径流、土壤侵蚀、地表溶质溶出和土壤溶质渗漏 4 个过程形成，它们之间相互联系、相互作用，导致了农业非点源污染广泛性、模糊性、潜伏性、隐蔽性、难治理的特点。

此外，环境物品的公共物品属性、公共物品产权不明晰、环境效益在社会发展进程中一度被忽视等经济、社会因素也在农业非点源污染情况恶化的原因之列。

1.3.2　农业非点源污染防治技术

（1）农业非点源污染防治的单一技术

①科学施肥、施药技术。农业生产过程中，化肥、农药等农业投入品的过量、不当施用是农业非点源污染的主要来源，其通过淋溶、渗漏作用对土壤、水体造成巨大危害，直接威胁到人类和其他生物的健康。合理施用化肥可以有效地减少污染来源。氮磷钾肥混施可以减少营养元素的渗漏损失量；配施有机肥可以有效降低营养元素的淋失率，减少元素从土壤中渗漏损失的数量；有机肥经过氧化分解处理后也可以降低营养元素的淋失率，因此，施用有机肥能明显提高土壤有机质的含量，并随施用量的增加而呈上升的趋势。因而，科学施肥提倡有机、无机肥料配合施用。农药的化学特性是影响农药渗漏的最重要的因素，在生产中应尽量选用被土壤吸附力强、降解快、半衰期短的农药，减少对土壤和地下水的污染风险。在农药施用时应尽量减少直接施到土壤表面。

在解决过量施肥导致的污染威胁方面，测土施肥、变量施肥、配方施肥等技术的研究已较为成熟，实现了因地制宜地根据每个网格的农田土壤特征和农作物生长状况进行施肥用药，包括施肥的时间、方式、肥料的种类、施肥比例等都实现精细操作。

基于"源头治理"的思想，环境友好的、符合现代生态要求的微生物农药、无毒、低毒、低残留农药的开发研制已成为当前国内外研究的热点。目前，国际市场已有 30 种商品微生物农药，且相关研究还在继续。

此外，膜控制释放技术（MCR）是科学施肥技术研究中的新方向。MCR 技术是指在膜的作用下，在规定的时间间隔和指定的局部区域按一定的速度释放活性物质（如药物、肥料、香料等）的技术。该技术既支持规定剂量的化肥和农药在指定区域的快速释放，也可以通过膜扩散速度控制有效成分逐渐释放。它实际上是一种控制非点源排放的方法。该技术起步较晚，但进展较快。MCR 技术应用于化肥的方式有聚合物包膜、无机物包膜、肥料包膜；应用于农药的方式有微胶囊、塑料层压、吸收混合、种子包衣、高分子载体等。

硝化抑制剂是目前国际上正在热切关注的一项研究。硝化抑制剂可以抑制土壤 NH_4^+-N 向 NO_3^--N 转化，减少土壤 NO_3^--N 累积，从而减少氮肥以 NO_3^--N 形式淋溶损失，提高氮肥的利用率，缓解氮肥流失对土壤、水体造成的污染。硝化抑制剂在美国、日本等国已得到推广，但在大多数国家还处在试验阶段。

②缓冲带防治技术。缓冲带，全称保护缓冲带（Conservation buffer strips），是指利用永久性植被拦截污染物或有害物质的条带状、受保护的土地。缓冲带能有效过滤从农田流失的沉积物、营养物质和杀虫剂，能够通过泥沙沉降、反硝化作用、植物吸收等作用对地表径流起到阻滞作用，调节入河洪峰流量，同时有效减少地表和地下径流中固体颗粒的养分含量，对农业非点源污染的扩散起到缓冲和调节的作用。缓冲带在控制非点源污染的同时，还可以增加生物多样性和植被覆盖率，提高邻近水域溶解氧含量，从而改善区域环境。

缓冲带可分为缓冲湿地、缓冲林带和缓冲草地带。缓冲带的防污治污效果取决于其规模、位置、植被、水文条件和土壤类型等因素，因此，在缓冲带的设计中应综合考虑这些因素。此外，缓冲带成熟后才能发挥营养物运移功能，从种植到成熟的时间间隔问题也不容忽视。国外在非点源污染治理中将缓冲湿地、缓冲林带和缓冲草地带有机结合起来，以增强防治效果。

③农业污染处理和防治技术。现已展开研究和投入应用的农业污染处理和防治技术包括村镇生活污水及农田排灌水氮磷污染控制技术（如筑建截污沟和泄洪沟，运用"土壤—植物—微生物"系统，综合处理污水）；暴雨径流、农村固体废物无害化处理技术（如用建"三位一体"农村户用沼气池的方法处理粪便，在农村建垃圾收集坑、生物净化厕所等）；农业废弃物的资源化技术（如秸秆还田技术、利用畜禽粪便生产沼气等）；快速修复技术；生物篱等地表径流及渗漏的生态拦截技术等。为了减少农用地膜的污染，可借鉴美国的先进技术和经验，推广玉米淀粉膜进行覆盖，进而通过技术引领，从源头上防治农业非点源污染。

④发展生态农业。发展生态农业的核心是在满足现代社会高产出、高效益的基础上，强化复合生态系统的内循环，即加强人与土地利用相互循环，辅以必要

的催化增强物质，尽量减少产出后向环境的排放。基于生态农业的社会效益和环境效益，其相关措施在美国等发达国家已广泛使用。如秸秆收割时碎断后覆盖还田，或编织草绳网覆盖在土壤表层，以保持水土、减少污染。国内学者以循环经济理论为指导，对生物物种共生型、综合开发复合型等多种生态农业系统进行了研究，并提出具有农业经济和生态环境效益"双赢"的"稻—鱼—萍、禽—鱼—蚌、桑—蚕—鱼"等模式，将农业生产过程中产生的非点源污染最大限度地在生产系统内部转化和消化，降低对外界环境造成的负面影响。

⑤保护性耕作技术。农业生产中，采用不同的耕作方式，对土壤养分的利用、化肥农药流失的控制有显著影响。实施保护性耕作可以有效地防治水土流失。保护性耕作措施包括免耕、少耕、间套复种技术等。

免耕、少耕法可大大减少土壤侵蚀和土壤有机碳的流失，亦相应地减少了氮和磷的流失量。间套复种技术的使用，可以利用不同作物对营养物需求比例的差异，充分利用土壤养分，减轻养分残余对周围水体造成的富营养化程度，调节土壤中各养分的比例，避免土地板结和盐碱化。等高线条带种植技术，以及在坡面地区实施横坡耕作也可有效减少污染物向受纳水体运移。

⑥科学灌溉技术。研究发现，灌溉方式与盐分、化肥、农药的流失程度密切相关，当水田灌溉用量减少31%～36%时，地表排水量减少78%～90%，氮负荷减少76%～80%，渗漏水氮负荷减少34%～40%，可见，科学的灌溉方式在减少农业非点源污染的同时，还提高了水资源的利用率，缓解了水资源的供需矛盾。

具体的技术措施包括：通过对渠道进行防渗衬砌处理、将明渠改为管道，来减少渠道渗漏和提高输水效率；在平田整地、格田建设的基础上发展畦田灌溉，改大畦为小畦，严格控制畦田宽度和长度，因为小畦灌溉与漫灌相比，灌溉定额可以降低一半，产量提高两成；重点发展喷灌、微灌和滴灌技术，将节水与增效相结合，实现节水、节地、节工、增产。通过以上措施降低因传统的漫灌造成的养分流失和非点源污染。除此之外，通过合理灌溉进行水域控制也是减少地区污染的关键因素。研究表明，在灌溉深度减少50%、氮施用量减少50%的同时农作物产量可以提高。合理灌溉是农民生产和畜禽废弃物处理要求与节约用水、保护环境之间最好的均衡。农作中营养元素的淋失率一般随着农田水分渗漏强度的增加而增加。在农业生产中采用科学灌溉方法，可以控制水分的渗漏强度，延缓和减少由于灌溉超渗所产生的农业化肥、农药及田间土壤有机质的淋失率，减少农业非点源污染的生成和扩散。

（2）农业非点源污染防治技术的集成

①与3S技术的集成。非点源污染所具有的不确定性、隐蔽性、潜伏性等特点，

使其不易被发现，因此，非点源污染的治理有必要依赖于遥感（remote sense，RS）等先进技术。RS 在农业非点源污染治理方面可应用于土地分类，找出主要的污染源、污染物种类、污染途径。RS 及全球定位系统（Global Positioning System，GPS）结合可获取水文气象、地形地质、土地利用、土壤种类、河流水系等数据，从而为治理提供准确、可靠的信息。

地理信息系统（Geographical Information System，GIS）源自 20 世纪 60 年代，于 20 世纪 80 年代开始被用于评价非点源污染。GIS 分层处理数据的功能极大地方便了非点源污染的模拟、预测和管理决策。利用 GIS 可模拟各影响因子以及非点源污染的空间分布，从而对不同条件下的污染状况进行识别和管理。GIS 在非点源污染控制领域的应用关键在于 GIS 技术与专业模型的有机结合。在实时遥感成像技术支持下，基于 GIS 的环境模型可有效地评价土壤侵蚀。国外学者已经将GIS 与相应模型结合并运用于农业污染管理、地下水污染管理和暴雨径流分析等领域。也有学者将 GIS 与 AGNPS 模型相结合进行地表径流评价和预测。GIS 的空间信息管理的综合分析能力、RS 的空间动态监测能力和 GPS 的高精度定位能力针对农业非点源污染的特点，为监控和治理提供了有效的工具。

②与决策支持系统的集成。对于给定的气候条件与管理的强相关性，决策支持系统（Decision Support System，DSS）是用来选择有效的污染防治措施的有力工具。DSS 的引入使农业非点源污染治理方案的设计可以实现多目标决策。目前，国内外学者多用"三部件"结构（即包括人机交互系统、模型库管理系统、数据库管理系统）的 DSS 为农业非点源污染问题提供决策支持。其中，数据库的建立多集成 GIS、RS 实现。模型库的构建可以融合当前较为通用的非点源污染治理、评价模型，如 SWMM 模型（Storm Water Management Model）、STORM 模型（Storage Treatment Overflow Runoff Model）、HSPF（Hydrologic Simulation Program Fortran）模型、AGNPS（Agricultural Non-point Source Pollution）模型、SWAT（Soil and Water Assessment Tool）模型、EPIC（environmental policy integrate climate）模型等。国外学者还通过研究构建了包含 GIS 的综合非点源模型，即 GIS-CropSyst 模型，综合考虑不同的气候与农作物的关系，评价污染防治措施的可变标准对产品和环境的影响，对区域管理和计划提供了有效的支持。

DSS 可以增强模型的模拟和预测能力。国内学者针对小流域非点源污染问题，应用 GIS 实现了农业非点源模型（AGNPS）的数据输入和结果分析功能，调用筛选模块生成较优的非点源污染控制技术组合集。国外学者针对超大型灌溉工程中地下水污染问题构建了含有 GIS 的 DSS 框架。此外，空间决策支持系统（Spatial Decision Support System，SDSS）是 DSS 的多模型组合建模技术与地理信息系统的空间分析技术的融合，将环境模型有效地结合入空间模型库，将

SDSS 应用于农业非点源污染防治中不确定性问题的解决以及辅助决策的实现目前也在研究中。目前，农业非点源污染防治的 DSS 研究，尤其是与 GIS 集成的 DSS 的研究多半还停留在框架研究阶段，真正应用到实际污染防治中的实例还鲜有报道。

③与示踪技术的集成。同位素示踪技术可以与土壤学原理、计算机技术相结合，对农业生态系统中物质的循环和转化过程及机理进行研究，找到农业生态系统中物质的循环特点及其与作物产量、品质的关系，进而确定污染物的运移路径、确定污染范围，为农业非点源污染的治理指明方向，针对农业非点源污染具有隐蔽性这一特点提供解决方案，示踪技术与其他技术的集成使用还可以实现对污染负荷超标的预警。示踪技术在美国已有应用，研究证实，示踪技术可以为农用化学品和抗生素的使用提供信号。

（3）农业非点源污染防治的综合措施

①最佳管理措施（BMPs）。BMPs 是一个日趋完善的预防、应对、治理农业非点源污染的措施集对具体区域、具体问题的响应。

BMPs 可分为工程措施和管理措施。管理措施又分为养分管理、耕作管理和景观管理三个层次。作为间接管理手段，水域景观特征对水质有显著影响。这三个层次虽然在空间尺度上不同，在效果上互相配合，但是都围绕一个中心原则，即最大地保证物质循环的效率，减少元素的输出损失，从而在满足植物生长需求的同时降低对环境的影响。工程措施既包括修建沉砂池、渗滤池和集水设施等传统的工程措施，也包括湿地、植被缓冲区和水陆交错带等新兴的生态工程措施。在应用中，BMPs 要根据区域特征、污染状况确定 BMPs 中包含的具体的管理措施和工程措施，随着技术的进步，相应措施会有所改进和增加。此外，BMPs 在具体实施中还包括经济手段、非正式制度的社会因素以及教育等因素，因此，BMPs 相当于一个动态的系统。

BMPs 的理论研究和体系构建已日趋成熟，由于农业非点源污染防治技术的最终实施者是农户，为了有效地推进 BMPs 的实施，发达国家针对 BMPs 的效率和实用性展开了讨论。美国农业用水 BMP 项目正是这样一种研究，它的目标在于将 BMPs 在三维空间中进行比较，这三维空间包括：环境效率、相关的经济结果、农户和土地使用者的社会接受程度，即根据水文效能、农户和社会的成本以及他们的可接受性来比较 BMPs 的影响。实施 BMPs 造成的环境效率主要是通过水文模型来评价。

同时，国外学者还在尝试构建一个大多数环境问题都能够适用的可行的含有公共模型的 BMPs，该构想现仍在探索中。

②农业非点源污染立体化削减体系。国内学者在系统分析了农业非点源污染

的特点，对比了非点源污染与点源污染特点后，构建了包括控制类型、控制环节、控制手段三个层面的农业非点源污染的立体化削减体系，提出了相应的削减策略。

具体地，在控制类型层面，通过调整土地利用方式、提高化学品利用率、改变灌溉方式来实现对种植型非点源污染的控制；通过推行清洁养殖、制定水产养殖容量、防治普遍性污染等措施控制养殖型非点源污染；通过建立生活、生产废弃物分类处理和回收点，完善管道设施，实行径污分流来控制生活型非点源污染。进而实现对农业非点源污染多角度的控制与防治。

在控制环节层面，实行产前减少面源污染的产生量，产中减少面源污染的排放量，产后通过建立缓冲带、生物篱埂、前置库等技术减少非点源污染的赋存量。

在控制手段层面，从行政、经济、法律、教育、规划、技术等方面进行综合治理。

国内学者还从空间角度定义了农业立体污染，涵盖了农业生产中的点源污染和非点源污染，并认为，农业立体污染的主要防治技术应是包括防治与降解新材料技术、废弃物资源化技术、立体污染阻控技术、无害化和污染减量化生产技术以及关键工艺与工程配套技术等在内的以生物技术为主的高新技术。有针对性地提出了应用于稻田、棉田的防治立体污染的配套技术。

1.3.3 目前研究存在的问题

第一，由于环境自净能力的存在，排污并不等于污染，而其中的界限，即非点源污染评价标准的制定至今还是个问题。标准不明直接造成监测工作与治理工作的脱节，使农业非点源污染的防治工作失去了主动。

第二，目前，国内外学者多使用"三部件"决策支持系统结构研究农业非点源污染的防治问题，但"三部件"结构没有突出决策支持系统的问题处理特性，再加上农业非点源污染诱因众多、产生与恶化过程具有明显的随机性、模糊性、隐蔽性、潜伏性和复杂性，使得单纯"三部件"结构的决策支持系统无力及时、有效地提供决策方案，在综合性和应变性上不尽如人意。

第三，随着人们对非点源污染问题的日益关注，大量学者都投身于对非点源污染防治问题的研究，但大多都将视角单纯地聚集在非点源污染上，而没有以统一大系统的观点对点源和非点源污染进行综合研究。

1.3.4 农业非点源污染防治技术展望

第一，大力研发化肥的有机替代产品，在不影响农业生产的情况下减少化肥的使用量，减小化肥施用给环境带来的压力。

第二，利用 GIS、RS 技术健全地理信息、农用地况信息库，充分发挥 GIS、RS 技术的优势，结合农业非点源污染负荷评价模型和农业非点源污染防治标准，研究农业非点源污染实时监控、预警系统。

第三，在现有研究成果基础上，丰富农业非点源污染负荷估算模型、农业非点源污染水质模型，并针对不同的地域、流域特征设计参数范围，构建农业非点源污染防治措施评价模型等，完善模型库；综合生物学、水文学、生态学、地理学、统计学、信息科学、化学等学科与农业非点源污染识别、检测、治理相关的知识，完善知识库；结合工程技术治理方案以及管理政策手段建立方法库，建立"四库系统（即数据库系统、模型库系统、方法库系统、知识库系统）＋对话系统"的决策支持系统。还可以引入推理机构建防治、控制农业非点源污染的智能决策支持系统，以快速、实时、灵活、人机对话、图像显示的方法处理复杂的农业非点源污染问题，为农民利用决策支持系统指导生产实践提供可能。

第四，在微观上对点源、非点源分治的同时，应在宏观上依环境承载能力制定总的环境污染负荷，使点源与非点源相协调，向保护环境的总目标努力。

第五，防治农业非点源污染，要面对农业非点源污染的复杂性和地区差异性，因地制宜地确定防治方案。这就要求防治方法具有多原则特性，因此多种方法的交叉和集成是下一步农业非点源污染防治研究的趋势，且集成的程度要越来越高。构建公共的综合模型，使不同的方法在同一模型下运行可以有效地提高问题的综合性。当通过有效的模型将 3S 技术、DSS、示踪技术都集成到最佳管理措施（BMPs）体系中时，其对农业非点源污染防治的有效性是最大的。

1.4　仿生算法在农业非点源污染系统模拟中的应用

1.4.1　仿生算法定义

仿生学属于一种新兴的交叉性综合性学科，目前国内外对其研究已经非常广泛，并取得重要进展。Steele（1958）把仿生学定义为"模仿生物原理来建造技术系统，或者使人造技术系统具有或类似于生物特征的科学"。林良明（1989）认为，仿生学是研究生命的结构、能量转换和信息流动的过程，并利用电子、机械技术对这些过程进行模拟，从而改善现有的和创造出崭新的现代技术装置。Peter（2001）对仿生学进化设计进行了研究，并应用进化算法在环境约束条件下，对仿生模型实施了进化设计。Lipson 等人（2000）利用 RP 技术对仿生算法设计进行了研究。李言俊等（2005）认为仿生学就是以生物为研究对象，研究生物系统的结构性质、能量转换和信息过程，并将所获得的知识用来改善现有的或创造崭新的机械、仪器、建筑结构和工艺过程的科学，是生物科学与工程技术相结合的一门综合学科。王兴元（2010）将仿生学定义为：仿生学是研究以模仿生物系统的方式，或以具有生物系统特征的方式，或以类似于生物系统工作的方式进行技术研发或产品设计的科学技术。仿生学是研究生物系统的结构、特质、功能、能量转换与信息控制等各种优异特征，并把它们应用到技术系统，改善已有的技术工程设备，并创造出新的工艺过程、建筑构型、自动化装置等技术系统的综合性科学。

仿生算法是指基于模拟实物或机理分离出来的理论，通过演变与改良形成的在有限条件下适用的一种数学研究方法。仿生算法包括神经网络算法、进化算法、群集智能算法、免疫算法和其他算法等。目前还没有对仿生算法进行定义。由于智能与仿生概念的重合，导致仿生算法的概念比较模糊。有学者认为智能和仿生算法的概念没有实质区别，并使用智能仿生算法的概念。对仿生理论算法的研究，可以分为两个方向：第一个方向为以单个理论为例的实际应用，使用一种理论并根据实际情况需要进行改良。神经网络和遗传算法的研究已经趋于成熟并在实际的各领域中发挥作用。王玮等（2001）建立了一种基于粗糙集理论的神经网络模型，来解决传统神经网络的多维度输入和多维度输出不稳定的问题。第二个方向是混合仿生理论的研究，综合多种仿生理论算法，发挥各种仿生算法的优点解决问题。胡庆等（2010）针对 BP 神经网络库存预测方法中存在局部最小问题和 GA 算法寻优中的盲目性，用 GABP 的算法解决电信供应链的库存控制，对影响供应链绩效的库存进行了有效预测。

1.4.2　仿生学在农业非点源污染系统模拟中的应用

仿生学在环境污染系统模拟及因素预测中的应用，主要集中在神经网络理论方面。神经网络是一种综合多学科特点的交叉性研究方法，其研究内容相当广泛。神经网络研究内容主要集中在生物原型研究、建立理论模型、网络模型与算法研究、人工神经网络应用系统等方面，其中根据生物原型的机理，建立神经元、神经网络理论模型能够为供应链绩效评价的应用提供参考。神经网络的优越性主要表现在以下三个方面：①具有自我学习功能。自我学习功能对于预测具有重要意义；②具有联想存储功能。网络结构神经元错综复杂的关系使得联想存储特别便捷；③具有高速寻找最优解的能力。神经网络的每种模型，都是针对某些特定问题提出来的，表 1-3 给出了针对特定问题的一些典型的神经网络模型。

表 1-3　典型的神经网络模型及其计算功能

计算功能	神经网络模型代表
数学近似映射	BP、CPN、RBF、Elman
概率密度函数估计	SOM、CPN
从二进制数据基中提取相关信息	BSB
形成拓扑连续及统计意义上的同构映射	SOM、Kohonen
最近相邻模式分类	BP、BM、CPN、Hopfield、BAM、ART、Kohonen
数据聚类	ART

神经网络的各种模型的拓扑结构都不一样，其学习算法也不尽相同。值得一提的是，按误差反向传播原则建立的误差反向传递学习算法即 BP（Back Propagation）学习算法，是当前神经网络技术中最成功的学习算法，前馈型 BP 网络及在此基础上改进的神经网络，是当前应用最广泛的网络类型。由于神经网络对复杂系统非线性特征具有很强的捕捉能力，在大气数值预报、自然灾害预报等领域已有较多的应用，近年来也有不少学者将该方法用于环境系统因素预测方面。

Cameron 等运用神经网络对加拿大 Winipeg 河作短期流量预测。采用前期降水量、平均水温、径流量、预报时刻降水量及水温共 18 个变量作为输入，预报时刻径流量作为输出，建立了 BP 网络模型。研究表明，在河流流量短期预报中，神经网络优于常规的确定性模型，建模的关键在于输入变量的合理选择，这对模型训练费用及模型预测性能影响至关重要。

Jose 等在生态系统特征指标预报中，着重比较了神经网络与回归模型（RM）的差异。采用三层 BP 网络，以年均降水量、年温差、年均温度、夏秋冬季降水量各自比例 6 项作为输入，以标准化植被差异指数为基础确定 6 项生态系统特征指标，并以此为输出，分别用神经网络与 RM 模拟、预报。结果表明，神经网络预报精度高，检验均方误差小，通过对生态系统历史信息的学习可较好地实现生态系统特征指标未来趋势的预报，特别对系统内部相关性差的特征因素关系，神经网络的模拟功能大大优于 RM，在解决生态系统多因素复杂问题时，神经网络方法对分析系统动力学相当有用。

Luk 等以三层 BP 网络为工具预报短期降雨量，着重考察了降雨量的神经网络模型的优化问题。在预报某时刻降雨量时，以该点及其空间邻近点的前期 n 步延迟降雨量为输入，研究表明，短期降雨量时间序列不能记忆长期降雨量时间序列特征，输入时间序列以一步延迟（15 min）为佳，空间领域信息对预报点降雨量影响显著，对不同的时间延迟输入序列而言，存在不同的最佳空间点输入组合，经过优化，神经网络模型数值稳定性和精确性有大幅度提高。同时，在模型训练过程中，采用监控集提前结束训练，并用对数函数处理原始数据，取得了良好效果。

刘罡等在对大气污染物浓度预报研究中，以 RBF 网络为工具，着重考察了神经网络捕捉混饨时间序列内在确定性和规律性的能力，研究表明，RBF 网络在非线性时间序列预报中具有独特的优越性，逼近精度高，学习速度快，对资料长度要求不高，适用于大气环境和气候预报。

郭宗楼等提出了因素状态网络模型，以较少的训练样本就可抓住系统的本质特征，并用其预测河流水质。该模型通过将信息扩散原理和落影技术结合，形成了信息扩散式落影，并与因素状态 BP 网络有机结合，解决了知识非完备性问题、样本含有非实可测因素的问题以及由于训练样本有矛盾点而使平凡 BP 网络训练速度过慢甚至无法收敛的问题。实质上，该方法已将一种数据处理技术引入到神经网络设计中，扩充了神经网络的功能，从而增强了神经网络技术解决环境因素复杂性、不确定性和难以量化等问题的适应能力。

刘国东等应用神经网络求算含水层参数，以各时刻观测降深与流量比值作为输入向量，含水量的导水系数和储水系数作为输出向量，构成一个求取含水层参数的 BP 网络，用 Taylor 公式生成 200 个训练样本来训练网络，然后输入实际抽水资料，输出结果与配线法一致，表明应用神经网络方法求算含水层参数准确、简便而经济。

在农业非点源污染系统模拟以及因素预测中，涉及因素广泛，且因素之间关系复杂，系统演化不确定性强。综合国内外将 BP 神经网络模型用于环境系统因素预测，采用 BP 神经网络模型，对农业源氨氮排放量以及农业源化学需氧量（COD）进行预测研究。BP 神经网络模型的输出节点的选择对应于评价结果，为此需要确定期望输出。在神经网络的学习训练阶段，"样本"的期望输出值应该是已知量，它可以由历史数据资料给定或通过一些数学统计方法评估得出，本项研究中使用吉林省环境统计公报中农业源氨氮排放量统计数据为输出指标。网络按有教师示教的方式进行学习，当一对学习模式提供给网络后，神经元激活值从输入层经各中间层向输出层传播，在输出层的各神经元获得网络的输入响应。这以后，按减小期望输出与实际输出之间误差的方向，从输出层经各中间层逐层修正各连接权值，最后回到输入层。

1.5 农业非点源污染系统模拟模型研究

1.5.1 模型研究进展

从非点源污染模型的研究历史来看，早在 20 世纪 60 年代，美国加州的

Hydrocomp 公司为美国环保局研制了农药输移和径流模型（PRT），以及最初的城市暴雨水管理模型（AWMM）。70 年代，非点源污染模型就已经开发到 STROM、ACTMO、UTM、LANDRUM 等。80 年代以来，径流模型和模拟模型有了很大进展，具有代表性的有农业管理系统中的化学污染物径流负荷和流失模型（CREAM）、农田尺度的水侵蚀预测预报模型（WEPP）、流域非点源污染模拟模型（ANSWERS）等，在此阶段出现了专门用于农业非点源管理和政策制定的农业非点源污染模型（AGNPS）。进入 90 年代，非点源污染管理模型和非点源污染风险评价成为这一时期应用模型研究的最新突破点。新技术地理信息系统（GIS）的应用推进了农业非点源污染的定量化研究。

农业非点源污染预测模型可以分为农田尺度模型和流域尺度模型。农田尺度模型定义为：单一的土地利用，相对均一的土壤质地，降雨空间分布均匀，简单的管理措施，如保护性耕作或梯田。农田尺度模型虽然未考虑气候条件、农田土地利用、土壤质地、水土管理措施等的空间变异性，但对于一定的气候、土地利用和土壤质地条件，它能够准确描述和评价不同农业管理措施条件对土壤侵蚀和污染物转化运移过程的影响效果，它是以 GIS 为基础研究大尺度规模分布式参数模型建模的基础，所以，至今农田尺度机理模型的发展和应用都受到众多研究者的重视。

具有代表性的农田尺度模型有：CREAMS（Chemicals, Runoff and Erosion from Agricultural Management Systems）——首次对非点源污染的水文、侵蚀和污染物运移过程进行了系统的综合，奠定了非点源污染模型发展的里程碑，模型用于预测农田单元径流、侵蚀、来自农业活动的化学物质运移，可以预测单次暴雨事件或长时期的平均效果；GLEAMS（Groundwater Loading Effects of Agricultural Management Systems）——它是农业管理模型 CREAMS 的改进，可用于评价农业管理措施对农药、营养物质可能的淋洗、田间管理决策对地下水质的影响，以及田间地表径流和土壤流失动态；DRAINMOD-N——用于研究农田非饱和区一维垂向土壤水氮运移及饱和区二维垂向和侧向的土壤水氮运移，已经广泛应用于北美和其他地方；LEACHM（Leaching Estimation and Chemistry Model）——用于研究农田非饱和区域水和溶质的运动、传输、植物吸收和化学反应；RZWQM（Root Zone Water Quality Model）——用于模拟土壤—作物—大气系统中主要的物理、化学和生物过程，可以模拟地下水位的变化和暗管排水条件，作物系统管理措施对土壤水、营养物质和农药运移的影响效果；EPIC（Erosion/Productivity Impact Calculator）——最初被发展用于评价土壤侵蚀对农业生产力的影响，并且预测田间土壤水、营养物质、农药运动和他们的组合管理决策对土壤流失、水质和作物产量的影响。该模型的最新版本已经可以评价化肥和有机肥料应用产生的营养物质损失，气候变化对作物产量和土壤侵蚀的影响，农药的淋洗和通过径流的损失。

此外，农田尺度模型还包括 NLEAP——能够迅速地评价农业措施变化产生的硝态氮淋洗量和对地下水的潜在威胁；MANNER——是一个决策支持系统，能够快速评价有机肥中可利用的氮和损失量；SOIL-SOILN——是土壤水热运动模型 SOIL 和氮动态模拟模型的集成。

流域尺度模型能够将流域内的土地利用、水文、土壤等离散化为相对一致的网格来解决空间的变异性，增加了资料预处理、后处理和可视化等功能，使得非点源污染模型更逼近环境过程的真实性。较著名的有美国农业部农业研究所开发的 AGNPS（Agricultural Nonpoint Pollution Source）及其改进版 AnnAGNPS，美国国家环保局开发的 SWAT（Soil and Water Assessment Tool）、BASINS（Better Assessment Science Integrating Point and Nonpoint Sources）等。

1.5.2 我国的研究现状

我国对非点源污染的研究起步于 20 世纪 80 年代，起初仅是农业非点源的宏观特征与污染负荷定量计算模型的初步研究，自 90 年代以来，农药、化肥型模式在农业非点源污染中占据了重要地位。将农业非点源污染负荷模型与 3S 技术结合、与水质模型对接用于流域水质管理成为农业非点源研究的新生长点。由于我国农业非点源污染相关的资料、数据特别少，因此其定量、模型要求参数少，在这种情况下，李怀恩等提出的机理性流域暴雨径流响应模型占有重要地位，但该集总式模型不易解释非点源污染在流域内的空间分布，其推广性还有待检验。

流域尺度模型在中国的应用刚刚起步，其中 AGNPS 和 SWAT 模型已经被一些研究者多次应用，AGNPS 模型已经成功地应用于中国南方的一些小流域，结果显示该模型在这些地区的农业非点源负荷估算及评价中具有应用潜力。SWAT 模型在中国的研究主要集中在水文、产流产沙和水土保持等方面，在非点源化学物质污染中的研究和应用鲜有报道。受基础数据的制约，BASINS 模型在国内的应用尚未见报道。

1.5.3 模型研究中存在的问题

实用模型中，经验性模型多，考虑污染物迁移转化的机理类模型较少。国内外大多数简单估计类模型的污染物部分过于简化，仅通过水质与水量相关的途径来模拟污染负荷或浓度过程。

1.5.4 未来研究的方向

农业非点源污染转化运移过程涉及空气、水、土壤等多介质、多相物质中的转化和运移机理，与自然环境因素、农业管理措施和工程技术措施有很大关系，是一个多层次、多目标、实时性与时间性日趋灵敏的多因素相互影响的复杂系统。当前，国内在氮磷等污染物对地下水质影响模拟计算方面的研究尚欠缺。氮磷等非点源污染物转化运移影响因素和过程的复杂性使得不同农业管理措施对环境影响的评价既费时又耗资，而计算机模型的发展以高效和低成本的方式为评价不同田间农业生产条件下的水土效应提供了平台，作为大尺度规模分布式参数模型建模的基础，农田尺度机理模型仍是今后非点源污染预测模型研究的主流方向。结合田间氮磷等转化运移和控制技术的实验研究，以农业生产活动、土壤、作物、地表水、地下水以及灌排工程为一体来研究非点源转化运移流失预测评价模型显得尤为重要。同时，农业非点源污染问题的复杂性，还要求未来的研究进一步探明污染物迁移转化的机理，加大了对计算机技术和信息技术的依赖性。

1.6　农业非点源污染管理政策研究

国内学者在该方面的研究多集中于对农业非点源污染防治、控制的政策建议上。汪水兵基于对农业非点源污染特点、危害的分析，提出了防治农业非点源污染的 2 大方向、4 项内容、8 种措施；孙皓等在对连云港市的部分农田土壤抽样分析的基础上，从认识因素、管理因素、生产因素、技术因素四方面分析了农业非点源污染形成的主因，并提出了包括建立农业生态环境管理体系、推广节水灌溉等方面的防治对策；王晓燕基于侵蚀和水文模型分析提出了控制农业非点源污染及合理利用土地的建议；张从从经济和管理的视角出发，分析了农业非点源污染的原因并提出政策建议。

国内学者的政策建议多集中在以下方面：加强环保宣传；确立与总量控制接轨的农业非点源污染控制的最佳管理措施；侧重于强调农业非点源污染调控中技术措施的应用，如施肥方式、灌溉方式、耕作方式的改变及对生态农业、节水农业等农业发展思路的贯彻；建议制定合理可行的经济政策，从农用化学品的价格、农用废弃物的回收机制、对清洁生产个体予以奖励等方面提供经济激励等。但国内的研究多数还停留在政策建议的表层，深入地探讨实施方案，给出可行性操作意见的还很少。

在强制性的命令控制式农业非点源污染调控措施的研究中，国外的研究较为深入，而且应用的实例也较多。美国的清洁水法案、英国的化学碱法案、环境保护法案，以及 1989 年欧洲出台的专门针对农业非点源污染治理的法案，都是污染治理方面命令控制式措施的典范，因具有强制性和权威性而收到良好的效果。相比之下，我国针对农业非点源污染治理的相关法案仍属空白。

　　由于农业非点源污染的调控涉及农业生产相关的资源产权问题，因而，运用制度经济学手段研究农业非点源污染调控问题也是当前该领域的研究热点。Anderson 使用科斯的产权理论和与产权相关的交易费用理论研究了自然资源和环境问题，并分析了产权和交易费用是如何影响交易成本以及交易成本如何最小化社会成本等理论问题。安德森和利尔认为，围绕环境资源建立界定完善的产权制度，就可以使环境资源所有者通过市场机制确保经济与环境的共生。但考虑到自由市场概念忽视了环境资源中含有不可分割的公共性及多价值性，国内学者徐嵩龄认为，完全以产权方式处理环境的市场外部性问题是不可取的。因而，运用产权理论对我国污染问题进行的研究需要加入符合现实需要的约束。王宁、林坚提出现代合作社可以凭借其独特的产权制度和双轨经营体制较有效率地解决农业生产的外部性问题。Tiezzi 对农业生产的外部成本进行了量化研究。Jou 对农业污染排放及其控制从制度经济方面进行了研究。刘雪等专门对我国农业生产污染的外部性进行了研究。Loris 对不同的产权情况下农民生产行为动机及其对环境的影响进行了研究。

　　在促进农业非点源污染调控顺利进行的经济激励手段的研究中，国外学者和机构也做了很多研究和尝试。美国 1979 年通过的清洁水法案将水污染治理列入到国家的财政预算中，在污染治理基金的运作方面作出了尝试。农业污染治理较为传统的方式是实施补贴，通过补贴可以将保证农民收入稳定与改善环境质量的社会目标统一起来，因而具有较强的社会可接受性。但 O'Shea L. 在研究中认为污染补贴在污染治理上并不具有长期有效性。环境税收和收费制度也是治理农业环境问题的常用措施。其中，预付金返还制度作为一种特殊的收费制度，可以有效地将难度较大的排污监督转换成生产者和消费者的自觉行为。O'Shea L. 还在研究中表明，环境税收是针对排污种类和浓度的一种经济调控手段，它可以使每个污染者面对一个修正后的边际激励，有效地消除农业非点源污染治理中的"搭便车"现象。Common 认为，如果确认输入与产出污染之间的关系，则依据 Baumol 和 Oates 定理征收投入税与征收排放量税是等效的。Eli Feinerman 对农民产生污染的行为进行了研究，提出了关于污染者付费的理论。源于美国的排污权交易将允许的排污量以内的剩余排污权在市场进行交易，这种交易制度使生产者能够根据自己的污染控制成本做出排污量的选择，同时把社会总排污量限制在一定水平。张帆等人在研究中分析了影响排污权交易成功与否的影响因素，对该政策的实施给出了决策建议。

　　近年来，随着农业非点源污染"源头治理"的原则逐渐被认知和重视，从农户行为入手的相关研究逐渐增多。Sheriff 对农民过度施用化肥的经济原因进行了研究，并从保险、教育、成本共享、规则、税收、土地休耕等方面进行了制度研究。Luiza Toma 应用包含"行为倾向"的结构等式模型分析了农民对是否参与农业环境保护政策进行决策时的影响因素。张欣等从农户经营行为、投资行为、生产行为及生产规模等方面特点入手分析了农户行为对农业生态的负面影响。付少平在实地调研、数据统计的基础上，从社会关系资源、市场经济观念两方面，分析了农民采用技术这一决策的影响因素。牛建高等在面对我国农民劳动力素质低、经济基础薄弱及土地制度不完善等多重制约的条件下，分析了农户经济行为与生态农业发展之间的关系，并为农户利益和生态利益的共同实现提出了建议。但是，国内对于农业非点源污染行为的专业性、针对性的研究目前还少有涉及，农户行为与农业非点源污染调控之间的相关性和互动性还有待进一步研究。

此外，Mark E. Smith 从农业非点源污染的特性出发，研究了随机性、模糊性对农业非点源污染调控政策有效性的影响。张蔚文构建了一个线性规划模型来模拟控制氮流失的四种政策情景的效力，实现了政策模拟、政策优选和对政策有效性的预测，对农业非点源污染调控的研究做了较为前沿的探索。

1.7 农业非点源污染非正式制度约束研究

Marc O.Ribaudo 在研究中肯定了教育在农业非点源污染治理方面的作用，并证明教育可以辅助农民了解"双赢"的生产前沿的存在，并激励农业生产者沿该生产前沿面进行生产决策，从而自愿采用新的防治农业非点源污染的替代技术，实现农业非点源污染的源头治理。

在美国等一些发达国家，除了命令控制式工具和经济激励式工具的使用外，人们的信仰、道德力量以及社会责任的约束，在减少非点源污染行为方面也起了很大作用。

1.8 农业非点源污染综合防治研究

农业非点源污染的复杂特性决定了其有效治理不能单纯依赖单一的技术或方法，将各种防治、调控措施进行综合、集成日渐成为农业非点源污染调控研究和实施的趋势。

Eirik Romstad 建立了农业非点源污染控制的 Team 机制，采取自律技术进行控制；Horan 和 Shortle 在研究中指出，农业非点源污染控制的政策组合应把可选择机制和执行措施结合起来。其中，可选择机制包括税收、补贴、标准、市场、合同、债券、责任规则等；执行措施包括投入及操作行为、排放代理、环境浓度等。

　　最初由美国国家环保局针对非点源污染问题提出的最佳管理措施（BMPs）是迄今为止应用最广的一种非点源污染综合治理模式，它在改善流域水质方面的有效性早在 20 世纪 70 年代就得到了证实。它以实现农户个人收益与社会收益、环境收益之间的均衡为目标。为了有效地推进 BMPs 的实施，发达国家针对 BMPs 的效率和实用性展开了讨论。美国农业用水 BMP 项目将 BMPs 在三维空间中进行比较，这三维空间包括环境效率、相关的经济结果、农户和土地使用者的社会接受程度，即根据水文效能、农户和社会的成本以及他们的可接受性来比较 BMPs 的影响，用水文模型来评价实施 BMPs 造成的环境效率。同时，Nadine Turpin 等学者还尝试构建一个大多数环境问题都能够适用的可行的含有公共模型的BMPs，该构想现仍在探索中。

　　蒋鸿昆等人在研究和分析国外应用最佳管理措施（BMPs）的基础上，指出实施农业非点源污染的最佳管理是我国农业非点源污染防治的必由之路，并拟定了BMPs 在我国的实施步骤和评估方法。

　　在综合研究方面，国内学者甘小泽构建了包括控制类型、控制环节、控制手段三个层面的农业非点源污染立体化削减体系，提出了相应的削减策略；章力建、朱立志还从空间角度定义了农业立体污染，涵盖了农业生产中的点源污染和非点源污染，并认为，农业立体污染的主要防治技术应是以生物技术为主的高新技术，并有针对性地提出了应用于稻田、棉田的防治立体污染的配套技术。

　　由于地理条件、自然禀赋以及农业发展模式和发展阶段的不同，国内外的研究侧重点有所不同，但在农业非点源污染调控、防治的研究上都呈现出多元化、综合化、互动化的总体趋势。

2 农业非点源污染调控的理论分析

2.1 农业非点源污染的外部性特征解读

2.1.1 农业非点源污染问题的外部性分析

"外部性"是市场失灵的一种表现。它指一种消费或生产活动对其他消费或生产活动产生不反映在市场价格中的直接效应。也就是说，当某一个体的生产或消费决策无意识地影响到其他个体的效用或生产可能性，并且产生影响的一方，不对被影响方进行补偿或收益时，便产生了所谓的外部效果，简称外部性。外部性是一种经济行为的附属属性，是非故意的。作为市场失灵的一种重要形式，外部性造成的经济后果是使私人成本或收益异于社会成本或收益，实际价格异于最优价格。

外部性可以分为正外部性和负外部性、生产的外部性和消费的外部性、可转移的外部性和不可转移的外部性、货币的外部性和技术的外部性等。其中，正外部性又称为外部经济，指当某一经济实体行为对外界产生无回报收益时，即社会收益大于私人收益，如治理水源、植树造林、教育等。相对地，负外部性又称为外部不经济，指当某一经济实体行为对外界产生无回报成本时，即社会成本大于私人成本，如大气污染、草原过度放牧等。环境问题主要是指生产和消费上的外部性，尤其是生产的负外部性。负外部性的存在是环境问题产生的重要原因，也是治理的难点所在。

生产的外部性是指在生产过程中产生的外部性问题，而消费的外部性是指由消费行为所导致的外部性问题。生产和生活污水的排放就分别是生产和消费的负外部性的表现。通常情况下，生产活动相对集中，消费活动相对分散，因此，生产的外部性也相对集中，而消费的外部性更具有分散性和隐蔽性，且由消费行为导致的环境负外部性往往是难以察觉、不易治理的。但当人们考虑农业污染时，人们发现，在农业生产经营过程中，因化肥、农药的使用，耕种、灌溉方法的不当所引致的环境污染问题也具有极大的分散性、隐蔽性、滞后性、模糊性，其监测和调控也具有很大的难度，这就是当前备受环保界关注的农业非点源污染。因而，从其外部性特征上看，农业非点源污染具有典型的生产的负外部性。

2.1.2　农业非点源污染外部性形成的原因分析

若不对负外部性加以控制，环境质量将遭受严重破坏，社会、经济的可持续发展也便无从谈起。但在探讨对负外部性加以控制之前，对外部性成因的分析是必要的。

外部性的形成主要源于以下原因：

（1）产权界限不清

根据著名的"科斯定律"，外部性的起源可以与产权界定联系起来。科斯定律的内容可以表达为：只要交易费用为零，财产的法定所有权的分配不影响经济运行的效率。但现实经济生活中交易费用不可能等于零，因此，法律明确界定包括使用权在内的产权就十分必要了。

科斯定律也揭示了解决污染问题的要害：以工厂的空气污染为例，只要产权是明晰的，无论是工厂拥有污染权，还是居民拥有不被污染权，利益相关方在足够低的交易费用下总能够通过志愿协商机制找到最有效的解决方法。

由于外部性的一个重要根源就是产权界定不明晰，而抑制外部性的可选择方式就是产权明晰化。因此，对于那些具有私人物品属性的资源而言，私有化是最有利于资源保护的。

当然，这并不意味着财产私有具有保护环境的无限魔力。由于受交易费用的约束，许多物品在合作制（或俱乐部所有）或公有制（或社团所有）状态下能具有更高的效率。从产权保护这一思路上考虑农业环境保护，更多应考虑的是如何保护与农业生产相关的公共物品。

（2）市场失灵

经济学家马歇尔和庇古观察到了外部性的存在。庇古将外部性视为一种正常市场机制的干扰因素，他认为外部性的存在使市场资源配置无法达到帕累托最优。对此，庇古指出政府干预的必要性，给造成正外部性者以补贴，给造成负外部性者以课税，以消除外部性。

庇古理论对环境问题的分析和解决有重大的影响，拓宽了人们从软科学的视角出发调控污染问题的思路和探索范围。他主张的对外部性的征税被称为"庇古税"。这一征税的存在也向我们表明，许多环境问题，或因产权很难界定，或因损失的代价难以协商确定，或因问题中含有可观的非经济力量，从而使市场机制处于无力状态。由于这种市场缺陷的存在，政府和社会力量注定要在环境治理中扮演举足轻重的角色。

（3）利益的分散性

农业非点源污染调控这一重要的农业环境问题关系到农业的可持续发展，其中包含着显著的广泛性、滞后性、隐蔽性、模糊性以及严重的跨区影响，进而导致利益分散性也成为环境问题的一个重要特征，尤其是农业非点源污染。如上游的森林砍伐导致了下游的洪水频繁，此国的大气污染导致了彼国的酸雨形成，各种各样的利益冲突都能直接或间接地影响环境问题，此地农业生产中的过量施肥就会造成相邻水域的污染加剧以及相邻农田的肥力下降等负面影响。在这种情况下，维护整体利益和未来利益往往难以通过产权界定和市场交易来实现，进而导致外部性必然存在。

2.1.3 外部性对农业经济效率的损害

由于农业非点源污染具有生产负外部性，农业生产中的资源配置就不能实现帕累托最优，也就是说，负外部性对农业经济效率造成了损害。社会成本与私人成本之间的差距就是衡量外部性本身对经济效益损害程度的指标。

在农业生产的过程中，生产的负外部性出现的根源有二：其一，农民对生产过程中对环境造成的污染没有意识，即农民在无意识状态下排放了非点源污染；其二，农民在农业生产过程中，不可避免地产生污染，农民虽意识到污染的存在，但由于受逐利动机的支配，农民安排农业生产的目标是利润最大化。为了达到这一目标，生产者不会主动选择减污的生产方式，也不会主动对被污染的环境（土壤或水质）进行治理，因为减污和治污行为会增加农业生产的成本，还存在减少产出的风险，故而农民会舍弃治理。如果将这种损害折算为经济损失，这些损失就成为对社会造成的经济损失，这一损失加上农民在农业生产中支出的私人成本，就是社会成本。因此，农业生产过程中农业非点源污染的排放，使得农民在"节省"了防污、治污的私人成本的同时增加了社会成本，即将私人成本社会化。

用数学模型表达这种私人成本社会化的转化：

农民在农业生产过程中，生产经营的成本支出包括两部分，其一是生产成本（由固定成本和流动成本组成），设为 C_1；其二是减污、治污成本，设为 C_2。若农民不采取任何减污、治污措施，则会使社会支付其成本，设为 C_3。同时，假设农业生产产量为 Q，农产品价格为 P。则有：

（1）当农民不采取减污、治污措施时，农民进行农业生产的利润 R_1 为：

$$R_1 = P \cdot Q - C_1 \tag{2-1}$$

此时的社会总福利 F_1 为：

$$F_1 = R_1 - C_3 = P \cdot Q - C_1 - C_3 \qquad (2\text{-}2)$$

（2）农民在生产过程中采取减污、治污的相关措施，改进生产方式，故生产经营成本中就增加了减污、治污成本 C_2，假设产量不变的情况下，农业生产的利润 R_2 为：

$$R_2 = P \cdot Q - C_1 - C_2 \qquad (2\text{-}3)$$

此时的社会总福利 F_2 为：

$$F_2 = R_2 - C_3 \qquad (2\text{-}4)$$

由于农民在农业生产过程中采取了减污、治污的措施，因此在这种生产模式下，就没有了社会成本，即 $C_3 = 0$，故有

$$F_2 = R_2 = P \cdot Q - C_1 - C_2 \qquad (2\text{-}5)$$

（3）由式（2-1）–式（2-3）得：

$$R_1 - R_2 = C_2 \qquad (2\text{-}6)$$

（4）由式（2-5）–式（2-2）得：

$$F_2 - F_1 = C_3 - C_2 \qquad (2\text{-}7)$$

这个分析结果表明：在农业生产的过程中，如果农民不采取任何减污、治污行为，那么，私人成本社会化会使农民获得超额利润 C_2，这一利润的获得是以社会付出超额社会成本 $C_3 - C_2$ 为代价的。

从量的比较上分析，在短期内，C_2 与 $C_3 - C_2$ 的值的大小可能没有明显差异，在 $C_3 < 2C_2$ 的条件下，$C_2 > C_3 - C_2$，即农民获得的私人超额利润大于社会为此付出的超额社会成本。于是，在整个社会体系中，社会的整体福利可视为增加的。但从长期来看，农业生产中，农民为减污、治污支付的成本 C_2 是以累加的形式增长，而在不采取任何减污、治污措施的情况下，因对环境的破坏而使社会不得不支付的社会成本 C_3 则会因生物链的传导、生态系统的循环而呈现指数型增长的趋势，因而从长期角度来看，$C_3 - C_2 \gg C_2$。可见，如果不对农业非点源污染进行调控，不促进农民对减污、治污等调控措施的参与，从长期来看，农业生产的效益和效率都会加速下滑，整个社会体系的收益也会降低。

同时，我们也清楚地看到，在污染发生的情况下，由社会成本与私人成本的

背离引起的经济效益的损害是普遍存在的。这是因为，受生产专业化、产权不明晰等因素的影响，生产中外部性的偿付行为难以执行。农业生产的职责是通过耕作等农业生产行为实现产量最大化，农民关心的更多的是当期农作物的收成；此外，由于农民只拥有对土地的使用权，因而其在生产决策中考虑最多的是如何更高效地利用土地资源，通过大量施肥、灌溉等方式来追求短期内更高的产量，农业非点源污染的排放就成为附加的成本。但是，由于农民不具有相应水体的产权，因而不去关心农业生产对邻近水体造成的污染，也因为农业非点源污染的潜伏性、隐蔽性而不去关心从长期看对土地资源造成的损害。

外部性是一种经济力量对另一种经济力量的"非市场性"的附带影响，是经济力量相互作用的结果。外部性的影响并不通过市场价格机制反映，这使得对外部性的量化、监管、控制成为难题。这种非市场性的附带影响使市场机制不能有效地配置资源，即使在没有垄断的完全竞争市场条件下也不能使资源配置达到帕累托最优。

2.1.4　外部成本内部化的方法探讨

外部性是客观存在的，不可能将外部性完全消除，只能采取相应的措施，追求最优外部性。所谓最优外部性，是指消除与外部性有关的经济无效率，消除社会成本与私人成本之间的差异，以实现帕累托最优均衡，这实质上就是外部性内部化的过程。

（1）外部性内部化的思路。将外部性内部化的思路有三种：

第一种是庇古方式，即强调完善市场机制的作用，提倡用征税的形式将环境污染所产生的外部性内部化，通过征税来平衡私人成本与社会成本之间的差异，进而实现一般均衡体系的优化解或帕累托最优状态。这种方式的实施效果取决于征税的税率，而税率又取决于污染的边际损失，且税率是均一的，并不因为生产者排污的边际收益或边际控制成本的差异而有所区别。

第二种是科斯方式，也称为产权管理方式，即通过重新明确财产所有权来解决外部性问题，通过产权明晰、协调各方的利益，或通过讨价还价来使外部成本内部化。在环境资源产权明晰之后，被污染者与排污者就会通过自愿协商来达到社会收益最大的均衡，即污染给受害者造成的边际损失等于污染者的边际收益。

第三种思路就是通过法律、规章、条例和标准等方式进行国家的强制干预，直接规定生产者产生外部不经济性的允许数量和方式。政府通过制定污染物排放相关的法律法规直接限制外部不经济性的发生。

（2）各种思路实施的条件和难点。以上各种思路的实施都有其特有的条件和实施的难点。

庇古方式的实施要求弄清社会的真正边际成本，而社会的真正边际成本往往是隐藏的；要求以充足的信息支持来确定税率，但现实中，通常的状态是环境信息具有稀缺性和不对称性，且污染者往往会隐瞒其生产的技术状况、排污量以及污染物的危害信息等；需要政府经常性地对企业的排污量进行监测，但这种监测会大大增加企业的生产成本，因而经常被企业所拒绝。

对于科斯方式的实施，要以产权明确作为交易和形成市场的必要前提，而许多环境与生态资源，如臭氧层、公海等都属于公共财产，无法做到产权明晰；需要尽量降低交易费用以及要求信息对称，而现实中，污染者与受害者之间的交易费用很高，以至于对全社会福利没有好处而无法实施产权的优化管理，同时，环境信息的不对称和讨价还价过程中的非合作博弈，导致通过产权管理的途径达到帕累托最优水平是困难的事情。

对于国家干预的实施，它能够有效地保证环境标准，但却使市场运作低效，以至于失效，同时也面临着公共决策的局限性和寻租活动等问题。

实际上，环境外部性的解决，就是要实现个人成本与社会成本之间的均衡，实现个人收益与社会收益之间的均衡，但在措施、政策制定中，所需要遵循的最重要的原则还是"社会效用最大化原则"。因为，对环境外部性的消除所产生的收益是长期的，如果单以短期内的成本收益均衡来衡量措施的选择和政策的制定势必会影响有效措施的实施和政策的执行。因而，环境污染调控问题对调控制度提出的一大要求即为设计使社会福利最大化的产权制度（考虑外部性的成本和排他无效时的"过度放牧"后果以及分配和文化方面的事宜）。同时，在产权分配后，成本分配的问题又是一个敏感话题。

以上的措施，不论是强制措施还是经济措施、市场措施，都是从客观角度不同程度地迫使农民参与农业非点源污染调控。从我国的国情、农业发展水平、农民素质水平以及我国目前对农业环境保护、污染调控工作的投入力度来看，其最有效的方式还有赖于农民自身环保意识的提高，自愿对农业生产方式进行改进，自愿采纳先进的减污、治污技术。在这种由"被动"向"主动"过渡的过程中，教育将扮演无可替代的角色。因此，在环境负外部性内部化的过程中，教育也是不可忽视的内部化手段之一。

2.1.5 外部性对农业非点源污染调控提出的要求

对农业非点源污染的外部性特征的分析以及对外部不经济性的解决，对农业非点源污染调控工作提出了以下紧迫的要求：

第一，要求建立健全市场机制，使市场化趋于完全。即要求建立健全市场调控污染的机制，充分利用市场调节，通过价格、成本收益率来调控生产安排，促进生产方式的改善，促进环境友好型生产方式的应用及推广。

第二，明晰环境资源产权，或通过产权分离，将所有权、使用权、控制权、保护权等分治，并控制产权分配的成本，以此来有效激励农业生产者提高环保意识，加快环境友好型农业生产方式的普及。

第三，稳定产权分配状态，赋予农民一定的产权保障，使其能够在生产中考虑长期收益，避免短期行为。

第四，加强立法和相关环境标准的制定，加强政府、相关部门对农业非点源污染的调控。其中，相关标准的制定需要有大量的监测数据作为依托，所以它的实现，还需要相应的监测技术、监测方法作支撑。

2.2 农业非点源污染调控的产权理论分析

产权不明晰是外部性产生的根源，因而，产权明晰化即为抑制外部性的可选择方式。对于具有私人物品属性的资源而言，私有化是最有利于资源保护的。鉴于农业非点源污染显著的外部性特征，有必要用产权理论对相关问题进行探讨。

2.2.1 现行的环境资源产权状况

在现行的环境资源产权制度下，环境资源属于公共资源，其产权归国家公有，在这种状况下，政府在环境产权的最终保证上起着重要作用。但是它作为自然资源的直接拥有者和管理者却经常是彻底失败的，部分原因是政策失效背后的一般因素。对于农业非点源污染的调控，政府在产权制度下的管理失利可以归结为以下几个原因：①政府在管理自然资源上的预算和管理能力有限；②日益增加的人口压力给产权政策的制定增加了压力；③在农村发展过程中，就业机会的供给不力。

面对产权公有所产生的环境资源利用的外部性问题，环境资源的产权私有化为外部性问题的解决提供了有效途径。产权私有化基调上的产权明晰要求对产权进行分割，而由此产生的边界增多将进一步加重环境资源的外部性问题。因此，以产权明晰来解决环境资源应用的外部性问题最终将转变为"如何在产权明晰与产权限制之间寻求均衡"的问题。

产权明晰可以全面提高生产率，但也会加剧从有关的自然资源中获利的社会最贫困阶层的贫穷，进而加剧社会两极分化。因此，在以产权制度改革为方式进行污染调控时，还需要充分考虑产权制度变更对各部门、各环节造成的影响。毕竟产权并非是一个孤立的主体，而是一个与复杂系统相关的部分。为此，本节仅从农业非点源污染调控的角度出发对产权制度今后的改革方向提出几点建议。

2.2.2 产权理论的概述

产权经济理论是新制度经济学理论体系中的核心之一。产权经济理论研究的内容就是如何通过界定、变更和安排产权结构，来处理和解决个人对利益环境的反应规则和经济组织的行为规则，以降低或消除市场机制运行的社会费用，提高运行效率，改善资源配置，加快技术进步，增加社会福利，促进经济增长。我国当前市场经济发展中的深层次约束就是产权约束。

（1）产权的概念

产权是法学和经济学中的一个重要概念。产权在法学意义上归结为权利与义务，而在经济学范畴内，产权注重的是效率与利益，它表现的是一种人对物的关系上的人与人之间的关系。菲吕博腾和配杰威齐对产权下的总结性定义如下："产权不是指人与物之间的关系，而是指由物的存在及关于它们的使用所引起的人们之间相互认可的行为关系。产权安排确定了每个人相应于物时的行为规范，每个人都必须遵守他与其他人之间的相互关系，或承担不遵守这种关系的成本。因此，对共同体中通行的产权制度可以描述为：它是一系列用来确定每个人相对于稀缺资源使用时的地位的经济和社会关系。"

（2）产权的作用

产权的一个主要功能就是引导人们实现将外部性较大地内部化的激励。也正因为如此，运用产权理论对农业非点源污染调控问题进行研究具有可行性。与社会相互依赖性相联系的每一成本和收益，就是一种潜在的外部性，使成本和收益外部化的一个必要条件是，双方进行权利交易（内在化）的成本必须超过内在化的所得。

产权能够解决激励问题。张五常和巴泽尔先后论证过，经济学意义上的"产权"只是当界定权利的费用与权利带来的好处在边界上达到相等时才有定义；或者说只有当产权界定的收益大于产权界定的成本时，人们才有动力（或激励机制）去制定规则和界定产权。制定规则的目的是强制人们遵守某些公共准则，节约交易费用，从而改善资源配置和福利分配，促进经济增长。产权激励具有预期性、持久性、稳定性等特点。产权界定不清是产生"外部性"和"搭便车"的主要根源。中国古代思想家孟子说过，"有恒产才有恒心"。这也是对产权激励作用的有力说明。

（3）产权的特征

产权有如下特征：①产权必须是完全明确规定的，它包括财产所有的各种权利，也包括对这些权利的限制及破坏这些权利时的处罚，是一个完整的体系；②产权具有可分割性；③产权必须具有可转让性，才能实现通过交易有效配置资源、解决冲突的功能；④产权必须具有排他性，这是其具有可转让性的前提；⑤产权具有受约束性。虽说完备的产权应包括关于资源利用的所有权利，但这并不意味着权力是无限的。在同一产权结构内多种权力并存的情况下，权力只能在规定范围内行使，一旦某项权力超出正常规定的范围，另外一种或几种权力就会受到干扰。因而要求产权明晰过程不仅要明确权力的内容，还要明确权力的边界。

（4）产权制度及其功能

现代产权经济学认为，在市场经济中，产权用以界定人们在交易活动如何受益、如何受损，以及他们之间如何进行补偿的问题。市场交易的实质是产权的交易，市场制度的核心是明晰产权，在保障自由财产权利的基础上进行公平交易和竞争。产权关系直接涉及人们的行为方式，并通过人们的行为方式影响资源使用和配置、经济绩效及收入分配等等。产权所具有的各种属性，在现实生活中，需要一定的制度保障才能实现。产权制度就是以产权为中心，用来界定、约束、鼓励、规范、保护和调剂人们产权行为的一系列制度和规则。

产权制度不仅影响国民经济的发展，而且也影响人们的各种经济行为，其基本功能主要表现在：第一，激励功能。产权制度能够为产权所有者提供合理的收益预期，从而不断激励经济行为主体努力从事某项经济活动。第二，制约功能。产权制度的制约功能与激励功能相对立，它规定了产权主体不能作为的空间范畴，超过了这个空间，产权主体就违规，将会受到不同程度的惩罚。某种程度上讲，这也是一种"成本制约"，产权制度通过人为设定一定的交易成本来约束行为者的行为，过高的交易成本限制了经济人即产权人的经济行为。第三，高效率配置稀缺资源功能。产权经济学家认为，"在本质上，经济学是对稀缺资源产权的研究，一个社会对稀缺资源的配置就是对使用资源权利的安排。"产权制度重新确定了产权所有者对资源的行为权利关系，从而决定了资源在各行为主体之间的分布状态，影响着资源配置及其利用效率。合理的产权制度总是使资源的利用向高收益方向流动，它通过产权的交易来实现。

2.2.3 与农业非点源污染相关的资源产权分析

在对产权制度、产权理论进行综述之后，针对农业非点源污染调控问题，涉及的产权明晰的对象主要是土地资源（主要指农地资源）和农田周围的水体、流域。因而，为了更详尽地分析农业非点源污染调控问题，为问题的解决寻找切入点，下面将逐一对土地资源、流域水资源等与农业非点源污染调控相关的资源产权问题进行分析。

2.2.3.1 土地产权制度对农业非点源污染调控的影响

（1）现行土地产权制度的主要缺陷

产权制度通过明确权利主体对财产的占有和支配，对权利主体形成有效的激励，并促进财产的动态流转以实现资源的优化配置。我国集体所有制基础上的家庭联产承包责任制曾经对农业生产力的发展起到重要的推动作用。

就现行的农地产权制度而言，其主要缺陷之一在于产权主体不明。产权主体不明有两个层次。一是国家所有权和集体所有权的界限不清，集体没有完整的土地所有权，土地的管理支配权主要属于国家。二是系统内部产权主体不明。虽然我国《土地管理法》规定农村土地的所有权属于农村集体所有，却没有明确界定究竟谁是真正的所有权主体。所有权主体不明晰导致了经济主体收益与成本的不对称。一方面，当集体土地所有权遭到侵犯时，农民找不到真正的利益代言人，农民的权益难以得到切实保障；另一方面，当农民的农业生产行为对农地造成危害时，也同样缺乏产权责任主体来维护农地的使用有效性，使生产中一部分本应由农民支付的生产成本因产权主体不明晰而转嫁为社会所支付，进而使得农业生产过程中负的生产外部性长期存在。可见，在农地利用权责不清的背景下，无论是农民的利益还是国家的利益都得不到保障。在农业生产过程中，环境质量没有责任代言人，使得在农业生产中产生的农业非点源污染对环境、对农地的持续利用造成严重影响，也使得农业生产环境的可持续利用难以长期进行。

现行农地产权制度的缺陷之二在于产权关系不明。农地产权的内涵、外延、内容和种类，产权主体的责权利都没有得到明确界定。土地使用权、经营权、收益权、处分权等权能不清晰、不完整、不稳定，造成农村土地经营的紊乱和失控。而随着农地使用方式的多样化和农地使用权的细分化，"土地使用权"、"承包经营权"等理论和概念也难以概括和反映已经发展了的复杂的土地产权关系。产权关系不明晰难以规避农地经营的外部性，难以保护相关经济主体的权利并形成有效的激励机制，难以约束经济主体的行为，难以适应现阶段我国实现农业机械化、农业产业化的集约规模经营的要求。而当生产关系不适应生产力发展时，必然要求生产关系做出相应调整。

（2）农村土地产权制度的调整思路

①集体所有化。这一土地产权思路，坚持了现行的土地集体所有制，但要求在其基础上，明确所有权主体，进行产权创新，完善家庭联产承包责任制。集体只保留法律上的最终所有权，赋予农户对承包地集体土地以实际的占有权和使用权。

具体地讲，这里要求进一步明确所有权的主体，这个明确的主体不单是农民利益的代言人，也是环境利益、社会利益的代言人，进而确保农业的可持续发展和农业生产资源的永续利用。

产权明晰不影响产权分割，因为，当两种权利之间产生外部性时，可以通过创建新的权利来消除这种外部性。对于农业非点源污染调控这一问题，可以通过农地产权分解来解决，可以设立新的产权权能，明确界定各项权能的内涵、外延以及经济主体的权责利，通过这种方式，使农地不但具有生产资料的身份，成为农民进行农业生产、追求生产利润的媒介，也能成为农民、集体等主体在发展生产的同时保护的对象。通过产权的分割和创新，使农地的环境保护成为某一或某几个主体的责任和义务，通过产权分配来激励和约束相关主体自主、自愿地完成农业非点源污染调控。

②土地国有化。国有化的土地产权制度强调国家对土地所有权的绝对掌控，保证国家在土地用途规划和管理等宏观调控上的权利。农民则对承包的土地拥有稳定的土地产权。农民承包土地只与国家签约，并拥有长期的农地经营使用期限，承包后增人不增地，减人不减地。这种模式使农民使用土地的合约期限、合约数量、拥有的权利具有长期稳定性，且以法律的权威保护其权利。

在这种模式下，农业非点源污染调控、源头治理的实施，要求在产权设计时，把对农地相关的环境保护责任作为一种责任和义务，作为与土地所有权相伴的必选义务归属于承包农地的农民，进而将农业生产环境这一难以规划产权的公共资源以维护责任的方式分配给农业生产者。这种思想，也体现了利益分配的公平原则，即农民在享有农地产出收益的同时，也肩负农地保护的责任，享有收益越多，担负责任越多。

③土地私有化。私有化，就是取消农村土地的集体所有制，确立农户对农地的家庭私有。农户拥有土地的所有权，可以抵押、继承、赠送、转让等。转让价格则由当时市场供求状况及买卖双方协商确定。在这种土地产权制度模式下，无论是土地私人买卖还是国家因为公益性目的的征用，都要按照市场价格付费。

这种制度模式，将土地的所有权完全、彻底地明晰了，土地成为私人财产。人们对其私人财产具有与生俱来的保护意愿，因而农民就会自愿、主动地平衡农业生产与环境保护、短期收益与长期利益之间的关系。产权制度的激励效应在产权私有的情况下就会充分发挥出来。

（3）三种调整思路的综合比较

对比这三种土地产权制度变革的思路，从农业非点源污染调控的有效性上考虑，最有效的产权制度是产权国有。因为在土地国有化的制度背景下，对土地的利用、保护、长期与短期利用的均衡是从宏观层面做出决策，因而更有利于农地作为农业生产资源、作为公共资源的永续利用和农业的可持续发展。但是，土地国有化不利于激发农民保护土地资源的积极性，故而增大了国家为保护资源而支付的成本，在环保目标上没有实现最优。若从纯环境角度考虑，最有利于农业非点源污染调控的产权分配制度是土地私有化。因为私有化易于提供清晰的产权界限，并以此激发农民参与农业非点源污染调控措施的积极性，最大限度地维护农地的长期有效性，以农民为主体重视农地资源的可持续利用。但在解决环境问题的同时，农地完全私有化将会使一部分农民丧失土地的使用权，造成部分农民无田可种、无粮可收的局面，因而会对农村解决剩余劳动力就业造成空前的压力；此外，土地私有不利于国家对土地资源利用的规划和调控，有些农民会因短期的经济利益而将土地转让，导致耕地数量减少、国家粮食安全问题无力保障的可怕后果，这一制度的实施将会对土地流转制度及政府在相关方面的作为提出更高要求。于是，在现阶段，实行土地私有化还存在很多难以解决的问题。

因此，在综合考虑经济、社会、环境等多方因素和效用的情况下，笔者认为，在坚持土地集体所有的前提下，通过分割产权、明晰产权来实现对农业非点源污染排放的控制，提高农民对农业非点源污染的重视和预防意识，是现阶段符合我国国情的解决农业非点源污染问题的有效的产权制度思路。

（4）农村土地产权制度调整的复杂性

土地资源是重要的农用资源，也是进行农业生产、保障国家粮食安全的必要资源，由于农业生产中不当的生产行为对土地的污染往往是间接的，因而，土地资源的保护往往不受重视，在农民生产决策过程中不予考虑。可见，研究土地资源产权，通过产权分配制度来激励农民对农地资源的重视、保护，对农业非点源污染调控是有意义的。但土地资源的产权问题并非单一映射于农业非点源污染调控问题，而涉及国家粮食安全、农民稳定、城乡发展平衡、工业化进程以及农业产业化等社会系统的复杂问题，因而，不能单从农业非点源污染调控的需要对土地产权制度进行变革。这部分研究的主旨，是要通过理论研究和实际问题的分析，为农业非点源污染调控从土地产权制度上寻找可行的调控思路。但具体制度的设计和变更还需要综合考虑多方情况再下定论。

2.2.3.2 流域水资源产权制度对农业非点源污染调控的影响

（1）流域水资源的特点

流域水资源首先是一种经济资源，具有灌溉、运输的功能，又是一种公共载体，它为流域上、中、下游提供吸纳废水和航运交通等载体功能。流域水资源更是一种重要的生态体，它既为多种生物提供生存栖息场所，又为整个流域生态平衡提供重要保障。同时，优质的流域水资源也是宝贵的旅游资源，是区域创收的主要途径。此外，优质的流域水资源也是保障区域内居民饮水安全、保持社会稳定的重要基础。采取何种管理方式才能既让流域水资源实现最优和公平配置，又能有效保护流域水环境实现可持续利用目标，是流域水资源管理的最高目标。

由于流域水资源具有流动性且在社会生活的很多领域充当公共载体的角色，因而，在运用产权理论、产权制度设计来防治农业非点源污染对流域水资源污染的过程中，以流域水资源私有化为治理思路是不可行的。在这个问题上，更为可行也更为重要的是明确流域水资源的管理权和治理权。

（2）流域水资源的管理方式

流域水资源的管理方式有一种是自由使用状态，即流域水资源在利用中对用水户没有任何的制度、法规、产权或道德约束的限制，使用者处于无人监管的自由状态。这种状态下，每个用水户无需为成本、长远利益等担忧，无需考虑他人的利用情况，个人理性在公共资源上无限扩张，势必形成水资源滥用的倾向，进而带来公共资源的极度短缺，这种资源无度使用带来的环境恶化，最终也要损害自己的经济及社会福利，这就是哈丁所谓的"公地悲剧"。

流域水资源的另一种管理方式是私人或私人机构管理，私人以承包或委托—代理等方式对全流域水资源进行管理，以全流域经济利益最大化作为其管理目标，这种状况下能否实现水资源的最优配置以及水环境的合理保护，取决于私人对"成本—收益"关系的考虑。私人从"成本—收益"角度出发在各用水户之间分配水资源，这在一定程度上能够有效节制水资源滥用的倾向，能够为流域获取较好的经济收益。但是，私人管理追求自身利益最大化的理性，不可避免地造成流域水资源完全货币化的配置。即流域水资源的分配以价格为杠杆完全按照用水户的支付能力进行，资源分配准则为支付能力高者多用，能力低者少用甚至不用，如此将导致支付能力强的使用者或产业可以随心所欲得到其所需的水量，而需水量大支付能力低的产业如农业、公益用水以及缺乏资金的个人和团体难以获得其必需的水量，整个社会福利因此而下降。

以上是私人管理流域水资源对水资源使用造成的影响。在私人管理层面上调控农业非点源污染对流域造成的污染和危害，涉及排污权交易问题。

2.2.3.3 排污权交易的解决方案

排污权交易的基本思想最早由 Dales 在 1968 年提出，20 世纪 70 年代后期，美国环境保护局在空气质量管理方面首先采用了排污许可证交易制度。与传统的环境管理制度相比，排污许可证交易制度具有优化资源配置和节省费用、环境达标速度快、促进技术革新、促进公平与效益统一等功能，有利于形成污染水平低而生产率高的工业布局和遏制环保部门的利己行为。因此，排污许可证交易制度不但在美国等西方发达国家已由概念变为现实，而且在全球范围内引起了高度重视。

排污权交易的基本思路是建立合法的污染物排放权利，并允许这种权利像商品那样买入和卖出，由此来进行污染排放控制。

排污许可证制度是以改善环境质量为目标，以污染物总量控制为基础，对排污单位排放污染物的种类、数量、性质、去向、方式等进行具体规定的一项环境管理制度。我国于 1987 年开始试行水污染物总量控制；1989 年 5 月，第三次全国环境保护会议把排污许可证制度作为继"老三项"环境管理制度之后，推行的"新五项"制度在全国实施；1990 年开始试行大气污染物总量控制；2004 年又在唐山、沈阳、杭州、武汉、深圳和银川开展综合排污许可证试点工作，使排污许可证成为反映企业环境责、权、利的法律文书和凭证，以期实现依证管理，按证排污，违证处罚以及规范排污者的环境行为等目标。排污许可证的主要内容包括"重点控制的污染物种类，污染物的排放总量、浓度（强度）及排放去向，产生主要污染物的生产工艺或环节，主要污染物的处理方法及防治措施，排污口的名称、位置、应配备的计量装置、排放在线自动监测设备，执行的有关排放标准，持证单位必须遵守的相关环境保护法律法规的要求，以及违反法律法规所应受到的处罚"。

排污许可证交易是运用市场机制控制污染的有效手段，既能达到污染控制高效率又能实现污染控制低成本，有利于政府宏观调控。政府可以通过发放或收购排污许可证，调控污染物排放总量。必要时，可以通过增发或收购排污许可指标来调节排污许可证的交易价格。

排污权交易的具体程序分为排污权的初始分配和排污权的交易两个步骤，在这两个步骤中隐含了一个完整的排污产权，包括排污的所有权、使用权、交易权以及收益权。因此，排污权是一个完整意义上的产权，是一系列相互关联、相互影响的产权束。由于企业可以通过治理污染，出售多余的排污权而获利，因而通过市场建立了一种激励机制，增强了企业主动治理污染的动力。

排污许可证交易是交易成本最小的解决污染外部性的手段。在交易价格为零时，排污企业之间总能够通过交易改变自己的污染量且不改变资源的总体配置效率，交易价格是配置资源的杠杆和降低污染的动因，企业会通过比较市场交易中形成的价格与治理污染的边际成本，来决定是否交易和交易量，并不断改进技术降低污染，以期出售排污权获取收益。

但实际情况下，交易成本往往不为零。从实施排污权交易的国家情况看，美国的交易成本有时会比我们理论上预测的大得多，并且许多交易都是通过政府部门的干预才达成的；我国的社会主义市场经济体制刚刚建立，市场机制很不完善，竞争机制也不充分，计划经济的一些思想还有残留，所以排污权交易的运作和实施就显得困难重重。同时，在市场经济体系不健全的情况下，排污权交易的实施会给后进入交易体系的排污者带来更高的参与成本，使其在竞争中处于不利地位。当然，这种后进入者的额外负担也在一定程度上激励了相关的排污者积极、及时地参与调控项目。总之，排污权交易项目的顺利实施和推广有赖于交易成本的降低。

2.2.3.4 与农业非点源污染调控相关的其他产权问题

实际上，农业非点源污染的排放，如农药的喷施，会对大气造成污染，但由于在这方面，农村和城市的大气污染并无明显差异，故而不再另行论述农业非点源污染对大气环境的影响。

2.2.3.5　农业非点源污染的调控需要相应的产权组合的支撑

在以上的分析中，我们可以清楚地认识到，农业非点源污染的有效调控从客观上要求通过产权制度的完善和优化对相关的责任、权利做出明晰，但仅从土地、流域水资源单方面做出权利、责任的确定，并不足以解决农业生产过程中非点源污染排放对环境造成的负外部性。

在对农业非点源污染的扩散、治理进行分析的同时，我们发现，尽管农业非点源污染显著的负外部性长期存在、愈演愈烈，但迟迟不受重视、无人治理，其桎梏还在于现阶段的产权制度。在现阶段，农村的土地为集体所有，虽然没有给农民足够的激励来为其土地资源的长期永续利用创造条件，但也赋予了农民稳定的长期使用权，对土地资源的保护提供了相应的激励。但由于农业非点源污染的自身特点，污染并非在排放处形成，而是经过雨水淋溶、土壤渗漏、地表径流等扩散途径的传播后，最终以污染水体为最终的危害表现形式。在此过程中，农民仅为土地使用权的所有者，而并不拥有相应水体的所有权，不承担相应的治理责任，因而，水体受到的污染并不在农民进行生产决策的考虑范围内。土地的使用权、水质的保护责任并没有细分、落实到农民个人，因而使得农民作为农业生产者，在充分利用土地资源创造农业增加值的同时，没有动力去考虑对水质造成的污染，也没有主动参与调控措施减少农业污染的动机，环境资源的收益与损失没有被计入整个生产的成本中去。由此，才把污染、治污等极具外部性的活动或行为分割在农业生产行为之外，导致在现有的农业生产规划范围内对农业非点源污染的调控总是处于低效甚至无效的状态。

为了提高农业非点源污染调控的有效性，需要在制度设计上凸显相关产权的连带关系，通过法律强制或制度约束来使享有土地使用权的农民也承担相应的流域水资源保护的责任，使其在通过土地获取农业生产收益的同时，承担支付相应流域水资源维护成本的责任或义务，通过这种权利和义务的捆绑，实现相关权利的有效分配。这种制度设计的思路要比"谁污染谁付费"更有效，因为其在实施的过程中可以减少污染监测的成本投入。同时，一旦农民违反约定没有履行相应的流域水资源的保护义务，那么，它所受到的惩罚不单是经济损失，而要承担丧失土地使用权的风险。这种基本生产资料的丧失对农民而言，其威慑力要远大于罚款的作用。这种方式，在国家向农民承诺保持土地分配制度稳定的同时，限制农民对农业生产方式的选择，将农业环境保护、可持续发展的要求作为相互制约的一部分。这种产权组合对农业非点源污染调控的有效性，在于其能有效地将农业非点源污染扩散过程中的滞后性和隐蔽性通过制度设计显性化。

2.2.4 产权理论分析对农业非点源污染调控提出的要求

基于前面的分析，通过产权理论解决农业非点源污染调控问题，其重要的一步就是要实现相关产权的组合分配。只有将相关的资源产权联系起来，才能够使农民在占有资源、获得收益的同时自觉、主动地承担相应的环保责任和义务。这种调控模式可以降低相应环保责任分配的成本，提高其有效性。

另外，明晰产权是解决农业非点源污染这类外部性问题中的关键手段，在流域水资源这种私有化不可能实现的资源领域，需要使治理权、防污权得以明晰。这就要求明确划分水资源使用权和水质保护权。前者已经通过水资源定价的方式将其权利分配转交给市场，通过市场定价、政府调控的方式在社会内部分配水资源使用权。但水质，作为水资源环境质量的一种定量的考核方式，它的保护权，实际上是对水资源环境保护的责任分配，也是社会相关主体享有好的水质、拥有较高生活质量和安全保障的权利的分配。这种权利概念的界定是解决问题的前提条件，而这种不同权利的分配制度、分配方式的制定则是缓解农业非点源污染的关键。

承担了防污权，实质上就是承担了向社会提供良好水质的责任。而在这里，流域水资源水质等环境质量的保护、好的环境质量的提供具有很强的非排他性和非竞争性，具有典型的公共物品属性，因而农业非点源污染调控还包含了典型的公共物品供给问题，这一问题将在下一节进行分析和阐述。

2.3 基于公共物品供给理论的农业非点源污染调控分析

2.3.1 农村公共物品的概念及重要性

所谓的公共物品具有典型的非排他性和非竞争性。其消费效用具有不可分性，即公共物品为全体社会成员提供，具有共同受益或联合消费的特点，其效用为整个社会成员所共享。

由于公共物品具有非排他性，因而难免发生"搭便车"的现象。所谓"搭便车"就是指某些个人虽然参与了公共物品的消费，但却不愿意支付相应的公共物品的生产成本。由于"搭便车"问题的存在，便产生了典型的市场失灵，即通过市场机制无法达到公共物品的有效供给。为此，消费者自然失去了支付公共物品成本的自觉性和积极性。

农村公共物品自然属于公共物品范畴，它是指农村地区关乎农业生产、农村经济发展、农民生活水平的具有一定非排他性和非竞争性的物品和服务。与一般公共物品相比，农村公共物品还具有劳动和资金的密集性、较强的目的性以及针对性、多样性、层次性、分散性、基础性等特点。

自改革开放以来，我国农村农民生产私人产品的组织形式是以户为单位。这种分散性的组织形式，决定了农民生产私人产品对农村公共物品具有强烈的依赖性。这种依赖性正是农村公共物品基础性的体现。农村经济市场化程度越高，这种依赖性就会越强，农业生产的外部条件，如水利、生态、科研、电网改造、交通设施、农村教育等的好坏，直接影响到农业生产的丰歉和农民的利益，影响到农业经济的发展。此外，农业是自然风险与市场风险相互交织的弱势产业，农民是一群难以抵抗这些风险的弱势群体，因此，农村公共物品的基础性作用就决定了，只有有效地提供公共物品，才能满足农民私人产品生产的需要。

2.3.2 农业非点源污染调控中的公共物品需求

通过前几节的分析得知，高质量的农业生产环境以及好的水质保障和供给，都属于农村公共物品的供给问题。因而，对农业非点源污染调控体系的研究，也有必要从公共物品供给的理论研究开来。

在农业非点源污染调控中，涉及的公共物品有三类：

第一类，良好的农业环境质量，作为环境资源，具有典型的非竞争性和非排他性，属于公共物品。这一部分公共物品的供给，一方面取决于农民的环境保护意识和公共道德水平；另一方面取决于相应资源的产权分配。

第二类，调控农业非点源污染所需的技术投入以及大规模的设备、设施投入，因其成本较高，且消费的竞争性、排他性较弱，属于公共物品供给。同时，这类公共物品的供给可以有效避免重复投资、重复建设，提高社会经济效率。

这类公共物品可细分为：

①由粗放型的简单的劳动密集型生产经营模式向技术集成的现代农业生产方式转变所需的新技术的引进、推广和普及；

②与农业非点源污染调控相关的基础设施供给；

③确定污染情况、对排污进行监测所需要添加的排污监测设备。

农业生产中，良好的生产环境是农业得以持续发展的基础性前提，而减污、治污的设备或设施投入作为农业生产基础性投入又是农业非点源污染调控措施得以实施、农业生产方式得以有效转变的基础，因而，从农业非点源污染调控的角度看，不论是良好的农业生产环境的提供，还是相关设备、设施的提供，作为典型的公共物品，对农业生产、农业经济发展都具有明显的基础性作用。

第三类，教育项目。农村的基础教育属于纯公共物品，但与农业非点源污染调控相关的教育项目，如农业技术培训、先进减污防污技术普及教育、环保宣传教育等，其公共物品纯度的高低取决于教育内容对生产收益的影响，取决于相关技术使用带来的成本收益率。随着其公共物品纯度的不同，相应的供给模式也不同。

2.3.3 农村公共物品供给制度

2.3.3.1 农村公共物品供给制度的要素

农村公共物品供给制度是为提供农村公共物品而制定的一系列规则，它并非是一个单一的制度，而是多种具有关联性的规则、制度构成的一个集合或体系。

农村公共物品供给制度包括以下几个要素：

（1）确定供给模式和供给主体的制度。这一制度规定不同的农村公共物品具有不同的供给模式，并确定相应的供给主体，及其责任和权利。

（2）决策制度。这一制度决定当公共物品的需要在通过某种方式表达出来后，供给主体依据制度、规则确定公共物品的供给数量和具体的供给方式。

（3）资金筹集制度。即关于解决公共物品的资金来源及成本分摊问题的有关制度。不仅要确定通过何种方式来筹集资金，而且还要确定当这些资金用于生产公共物品后所形成的成本分摊问题，即成本由谁来负担。

（4）生产和监督管理制度。这一制度主要解决怎么生产、如何监督、生产后对公共物品的管理以及对农民意见的收集、整理等问题。

2.3.3.2 公共物品的纯度划分

在确定公共物品供给模式时，还要考虑到不同的公共物品的特性。不同的公共物品其外部性程度不一致，因而，在通常情况下，公共物品按其纯度的不同，其供给模式的选择也不同。所谓公共物品的纯度，是指公共物品在公共性上的强弱程度，或指其与纯公共物品的接近程度。测度公共物品纯度的依据是公共物品的外部性。公共物品的纯度，即：

$$P = \frac{O}{O+I} \times 100\%$$

其中，O 指外部收益，I 指内部收益。在纯度测度中，P 值越接近 100%，其公共属性越明显，在其供给模式中政府供给的比重就应该越大。对于 $P=100\%$ 的纯公共物品而言，效率最高的供给模式即为纯政府供给。

2.3.3.3 农村公共物品的供给模式分析

由公共物品的特点可知，因公共物品的使用和供给中"搭便车"问题的存在，导致公共物品长期缺乏供给主体、长期短缺。在这种情况下，深入研究公共物品的供给模式就有着十分重要的意义。

公共物品的供给模式可以分为以下几种。

（1）公共物品的政府供给和联合供给

"搭便车"现象的存在使得公共物品供给中市场失灵状况普遍存在，市场无力实现公共物品的最优配置。因而，政府供给成为公共物品供给的主要有效方式。在解决环境问题的过程中，公共物品的解决方式与私人财产的解决方式相比可以避免多边性，可能因具有较低的交易费用和其他成本，而更具效率。在农业非点源污染调控问题中，调控、监测所需的技术设备对农民而言往往利用率较低，通常需要由专业人员执行操作，因此，其相应的费用应由政府来承担。

在这里需要明确政府供给的概念。由政府提供公共物品不等于由政府生产，更不等于政府包揽，许多由政府投资提供的公共物品项目，都可以通过公开招标的方式承包给私营部门来建设经营，以提高公共物品的供给效率；对于一些已经由政府投资建成的项目，也可以通过管理合同、租赁协议等方式交给企业经营，政府可以适度撤资、出让管理权。把政府提供公共物品简单理解为完全由政府投资、经营生产是不合理的。纯公共物品由政府负责提供，对于公共物品纯度较低的准公共物品，政府供给并不是其必然选择，也未必是最优选择。

准公共物品的特性使得市场供给或市场政府联合供给成为可能。这种供给模式已有先例。如道路特别是高速公路，由于其投资巨大，投资回收期长，社会效益大但经济效益不明显，私人部门通常不愿涉足。随着股票这一金融工具的出现，投资所需的巨额资金可以在短期内筹集，政府也可以通过税收优惠，甚至补贴等方式提高项目的投资利润率，增加对私人资本的吸引力，从而加速高速公路的建设。又如教育一度被认为是公共物品，但现代人认为基础教育是纯公共物品，其社会效益明显，而高等教育就是一种准公共物品，因为接受教育可以视作受教育者的一种投资，而且投资回报率一般高于其他投资，因而高等教育可以实行国家投资和上学收费相结合。即使是纯公共物品，从理论上讲应该由政府提供，但并不是说必须由政府直接投资生产，公共物品本身具有可分解性，即某类公共物品中的一部分可以通过私人部门生产提供，而政府只是购买者。

准公共物品的生产需要政府投资，但并不是说必须完全由政府投资，可以依靠企业进行经营和管理。许多国家在经济起飞阶段对交通、通信等带有准公共物品性质的基础设施有巨大需求，若完全由政府投资，会受到政府财力的限制，影响整个社会经济的发展；若完全依靠市场机制发育来推动这些产业的发展，也是漫长的。政府投资与企业投资相结合，或者政府对此提供税收优惠，将有利于准公共物品的供给。但是，投资者参与准公共物品建设的基本前提也是政府能够为其提供激励，使其在投资中有利可图。企业不会单纯地来承担社会成本。因此，投资者自愿参与公共物品供给的激励依赖于社会效益与经济效益"双赢"的生产前沿的存在与实现。

（2）公共物品的市场供给

传统的公共物品理论认为公共物品不能通过市场调节，而只能由政府提供。但是由于政府财政支出的困难与管理效率的低下，把一部分公共物品推向市场，由市场来解决公共物品的生产问题，也是一种有益的尝试。西方的一些理论工作者已经从不同的角度、在一定程度上阐述了公共物品市场化这一问题。

①林达尔均衡。林达尔均衡以私人物品作为理论分析基础。对于私人物品而言，只要需求等于供给，就能完全达到一个竞争性的均衡。但是公共物品的生产和消费不能满足上述的均衡要求。因为单个生产就可以满足全部的消费，或者说单个人的消费就意味着全部的生产。林达尔试图通过一个新的定价方法来建立起一个类似于竞争性的均衡模式。在林达尔的均衡中，不是所有的消费者面临一个公共的或相同的价格，而是全部消费者有一个公共的数量；不是产品在全体消费者之间进行分配，而是总成本在消费者之间进行分摊，尽量使每个消费者面临的价格和该消费者对公共物品的真实评价相符合，这样就使得每个消费者愿意支付的价格总和正好等于生产公共物品的总成本。林达尔均衡就是针对每个消费者对公共物品的真实评价分别收取不同的价格。消费者评价高，收取费用就高；评价低，收取费用就低。林达尔均衡可以在某些场合下使用，现在确实存在有的消费者自己给消费物品定价的做法。但同样也存在着这样一个问题：怎样才能保证消费者诚实地报出自己对公共物品的评价？如果没有高素质的消费者，或没有排他的装置，许多人可能会故意降低自己对公共物品的评价，甚至故意将评价降低为零，以此来逃避对公共物品消费的支付。因此，林达尔均衡关于使公共物品市场化理论的实施依赖于高素质的消费者以及其对公共物品需求的公正的主观评价。

在农业非点源污染调控中，这种消费者自觉、真实地对公共物品报价的行为具体表现为农业生产者、消费者对良好的农业生产、生活环境的需求与认知程度，实际上就是农业生产者、农村居民的环保意识和环保技能。一旦这种意识、技能提高，他们就会增加愿意为农业非点源污染调控而支付的额度。同时，林达尔均衡的实现，还需要有效的激励机制来促进相关生产者的参与，并保持竞争的有序性。

②产权理论。公共物品的供给模式还对公共物品的产权具有一定的影响，公共物品的产权分配对公共物品的供给同样具有重要影响。过去的理论认为，由于公共物品特殊的性质，公共物品的产权应当归政府所有。这种观点是片面的。公共物品产权的归属应以公共物品的类型作为衡量标准，对于那些事关农村社会经济发展和地区可持续发展的纯公共物品的产权应当归政府所有，因为政府在关于农村社会发展的战略、方针的制定上具有不可动摇的地位和优势。然而，这并不等于所有的农村公共物品都应由政府提供和拥有。由于政府财力有限、某些公共

47

部门效率低下，某些准公共物品由市场和私人供给会获得更高的效率。而市场和私人主要以营利为目的，只有把这些公共物品的产权出让给他们，他们才有供给的动力。不同的供给模式对公共物品的产权有不同的认识，这就从另一个角度对公共物品的供给产生了影响。

产权学派认为，公共物品的供给之所以导致市场失灵，是由于产权不明晰，如果产权完全明晰并得到充分保障，则有些市场失灵现象就不会发生。科斯定理认为：只要产权明晰，且交易成本为零或者很小，则无论在开始时将产权赋予给谁，市场均衡的结果都是有效率的。因此，在有效的产权制度指引下，公共物品的私人收费、私人供给是可能的，其效率要高于政府资助。这种有效的产权制度是指产权明晰。只有产权边界界定清楚，才能使公共物品由市场失灵变为市场有效。但公共物品的市场供给模式除了要求规范产权制度外，还需要政府提供相应的支持和保护，这是公共物品市场化的重要保证。

对于经典的灯塔问题，张五常认为政府给予私营灯塔一个"专卖权"就意味着每艘船只使用灯塔都必须付费。这种专卖权就好像给发明者授予专利权一样。用"专卖权"来抑制"搭便车"行为，是解决公共物品收费困难的可行途径。农业非点源污染调控实施的过程中，相应公共物品的这种私人供给的市场化模式也可以通过专业化的个体来实现。该个体掌握农业非点源污染调控的关键技术，拥有污染监测的专业设备，并为农业生产者提供关于农业非点源污染指标的预警以及治污的科学指导，这一系列服务是有偿的，其费用由接受服务的农业生产者支付。与此同时，农业生产者通过购买这一系列的污染预警、防污治污指导等服务，避免了因超量排污、污染环境而产生的罚金，避免了因生产效率下降而造成的经济损失，避免了因污染环境而遭到的道德谴责，也避免了对农产品品质的影响。在这种模式下，农业非点源污染调控相关的公共物品，包括设备、技术的供给就有效地完成了其市场化的过程，这种供给模式的转变提高了农业非点源污染调控的效率，也提高了农业生产的效率，为农业可持续发展创造了条件。

产权可分为私有产权和社团产权，以上是从私有产权入手对公共物品的供给进行了剖析，但这并不意味着任何场合下使用私有产权都具有高效率。有些场合使用社团产权比私有产权更有效率。比如，在农业生产基础设施的供给问题上，如果实行完全的私有产权，在农民进行引水灌溉时，要各自修建引水渠道，这就会造成极大的浪费和重复建设。如果这些农民共同修建一条主干渠道，共同使用这条主干渠道，就会降低灌溉的成本，提高土地资源的利用率。农业非点源污染调控中所需的大型、大规模使用的技术设施，其成本由个人独立承担困难较大，同时，基于我国目前的现状、农民的文化素质和技术水平，农民个体还无力扮演技术设施和新技术的供给方，因此，考虑以社团、组织的方式承担相关公共物品供给的责任和义务，其有效性也是可以论证的。

与实施私人产权相比，实行社团产权必然要面临更高的交易费用，因此其实施的主要困难在于收费的困难，而且参与人数越多，其交易成本就会越大。为此，要推行社团产权制度就需要政府予以支持，提供强制政策或对相关的社团、组织给予相应的优惠、引导。

③俱乐部假说与"以足投票"理论。这种假说和理论来源于布坎南。布坎南认为：有一类物品和服务，他们的消费包含着某些"公共性"，在这里，适度的分享团体多于一个人或一家人，但小于一个无限的数目。"公共"范围是有限的。布坎南把这种介于纯私人物品和纯公共物品之间的物品或服务叫做"俱乐部物品"。对于俱乐部物品，应该采取收费制度排斥非俱乐部成员享用公共物品。俱乐部物品有以下特征：第一，排他性。俱乐部物品仅由具有某种资格并遵守俱乐部规则的单个成员构成的全体成员共同消费。从排他性看，俱乐部物品似乎具有私人物品的属性，只不过其消费的规模是一个单位。第二，非竞争性。在一定范围内，某个成员对俱乐部物品的消费不会影响或减少其他成员对这一物品的消费。因而俱乐部物品又接近于公共物品，它限制了消费者进入的门槛，一旦进入，消费者之间又互不影响。但俱乐部物品的消费规模是有限的，一旦会员超过一定的限度，就会产生消费的拥挤问题。于是就产生了"以足投票"的现象，即公共物品的消费者通过进入或退出某个社区来对公共物品进行选择。这是由于社区提供的公共物品在品种、数量、质量上是有差别的。如果社区成员具有完全的流动自由，他们会根据自己的偏好选择自己喜欢的社区。这样那些没有特色、低效率的社区将随着社区成员的迁出而衰落消亡，那些有特色、效率高的社区将会吸引更多的具有相同偏好的人，进而可以取得专业化分工以及规模经济上的好处。因此，社区之间的竞争，将会提高整个社会公共物品供给的效率。

在农业非点源污染调控中，这种俱乐部模式的供给适用于可以规模性使用的设备、设施以及相关的农业技术培训和技术教育等方面的供给。

这三种理论的解释与分析从不同角度说明，公共物品的供给并非只有政府供给、公共支付唯一的解决方案，通过私人供给、社团供给或是俱乐部模式的管理机制等市场化的供给模式也能有效地解决公共物品供给不足、缺乏激励的问题。这对农业非点源污染调控工作的开展和推广、相关设备和设施的落实、新技术的推广和普及提供了更多的解决方案。

对公共物品供给方面的探索应该努力拓展多元化的供给模式，避免因公共利益与市场经营存在的矛盾而造成的风险，在进行投入与产出经济层面分析、效率与公平福利层面分析的基础上，提供有效的农村公共物品供给。其重点在于科学划分公共物品的种类。对纯公共物品，由于成本高、个人供给缺乏激励，因而应当坚持政府供给，以保证供给的充足与及时。对于有排他性、无竞争性，或无排他性而有竞争性的准公共物品，则需要引入市场机制，鼓励私营资本介入。私营资本追求盈利的本质，决定了只能以利润作为基本依据和运作动力。在纯公共物品的供给上，投入无法从市场得到补偿，因而私营资本的介入无法实现；但对于准公共物品，既有公共物品的特征，又有私人物品的特征，所提供的利益部分可能通过市场交换来得到价值补偿，因而私营资本进入公共物品供给是可行的。私营资本介入的优势在于其能够增加公共物品供给的资金来源，增加竞争，提高效率，有助于缓解农业非点源污染调控中基础性项目的资金短缺，加快调控步伐，加大调控力度。

2.3.4 发达国家农村公共物品供给模式对我国的启示

对于农村公共物品的供给，发达国家有较为完善的供给模式。我国在农村公共物品供给方面的探索有必要借鉴发达国家的经验。目前，比较成功的模式有韩国模式、日本模式、美国模式等。由于韩国的国情在很大程度上与我国相似，因此我们可以从韩国农村公共物品供给模式中得到一些启示。

与我国目前的农村公共物品供给模式相比，韩国模式比较突出的特点表现在：其一，财政支农的力度较大。其在工业化进程中注重对农业的保护和支持，农村公共物品支出是一项重要的内容，他们的农村公共物品供给比较充分，基本能够满足本国农业、农民的需求。其二，重视农业科技的研究和推广以及科技成果的转化，以提高农业现代化水平为目标。其三，大力支持农村合作组织的发展，注重发挥非政府组织的作用，很多国家采用了包括组织、财政、法律等方面的各种措施，来增加农村公共物品的有效供给。随着众多的合作组织等第三方力量的涌入，政府提供公共物品的方式和途径有所改变，有助于提高农村公共物品供给的效率。

由此可知，基于我国目前的国情、农业发展的状况，提高农村公共物品供给效率的有效方式就是要进一步加大政府对农业的关注程度以及国家财政对农业发展的支持力度，重视农业科技的进步和创新，引导农业生产合作组织的建立和正常运作。从这个角度讲，无论是农业现代化的实现，农业可持续发展的实现，还是农业非点源污染的调控，在社会收益的层面讲是等同的。

2.3.5 农业非点源污染调控中公共物品供给问题的博弈思考

公共物品的供给面临"囚徒困境"，使得政府供给成为最有效的供给模式。但是，"囚徒困境"对问题的分析是从静态和一次博弈进行的，因而均衡结果的出现也是需要很多假设条件的。而现实中，人们可以从之前的行动、决策的结果中吸取教训，可以获得信息反馈，进行学习和重复博弈，在动态过程中完成博弈过程。因而，重复的支持公共物品的合作供给。利他主义和动态博弈的存在为公共物品合作供给提供了可能，将公共物品和私人物品相联系的激励机制同样可以在自发情况下解决一部分公共物品供给问题。

事实上，私人或私人间的合作也能够有效地提供公共物品，并避免政府的强制行动。

密歇根大学的阿克塞诺德的实验证明，人们的最优策略总是这样：第一步选择合作，而此后就是紧跟对方，即对方做什么，他便跟着做什么。奥尔森对该问题的分析表明，潜在集团规模越大，个人提供公共物品的消极性越强，"搭便车"可能性就会越大。实际上，若在潜在集团中形成联盟，只要这些联盟超出某个最低规模，且成本收益率具有吸引力，合作就会出现。

此外，支持公共物品私人供给的基础还有"利他主义"。即当其他人从改进的后果中得到效用时，自己也获得效用。这种情况下，个人的效用函数包含了其他人的效用，其他人的效用越大，供给者的个人效用也越大。

Sen 试图从理论上证明利他主义道德观可以通过合作行为摆脱"囚徒困境"。他指出，即便是相对较弱的利他主义，也可能导致集体利益的实现，即获得合作解。但他的论证中没有解决"如何保持人们利他动机的道德标准"的方法。

从经济学角度分析，具有明显排他性的公共物品或一些通过某种技术或方法可实现排他的公共物品，可经由私人市场有效供给。

萨缪尔森意义上的公共物品并没有消除排他的可能，他指的是额外增加一个人的消费，并不会增加成本，而集体物品则不可能排除非付费者消费该物品。若能实现对非付费者的排除，即可实现私人供给。

农业非点源污染调控中，行为主体在公共物品供给方面进行决策博弈是必然的，博弈结果是在已有政策、经济条件下各行为主体在各自利益追求的驱动下的最优选择，因而在博弈规则下优化行为主体的行为，促进农业非点源污染调控的顺利进行也有以下几个要求：

①要求国家或地方针对农业污染现状和农业非点源污染调控目标制定资源环境的博弈规则——这些规则应该既体现整体最优的要求，又满足个体利益的追求。

②增强地方政府参与相关博弈的激励。一方面，政府的政绩考核不能单以经济绩效为依据，还要兼顾社会效益、环境效益和生态效益。另一方面，增加违反制度的成本，既能增大对污染者的约束，又能增强对政府增强管制的激励。直观地应该加大罚款金额和罚款比例，目前排污罚款仅相当于治污成本的 10%～15%，远不足以弥补污染所造成的损失，也不能有效地激励行为者的环保决策。再者，在现有状况下，农业非点源污染的调控责权属于各部门职能的交叉区，在利益明

显时，为利益争夺区；在需要成本支出、风险承担时，又属于"职责真空区"。因而，要想提高农业非点源污染的效率和效果，应先对管辖部门的职权有明确的界定，涉及农业局、环保局、政府宏观调控的相关部门。

③加强法律措施对调控的支持。对农业非点源污染的排放者不但要予以经济处罚，还应辅以法律制裁。

2.3.6 我国农村公共物品供给制度存在的问题

当前，我国农村公共物品供给方面存在如下问题。

（1）政府规模、财政支出结构与公共物品供给不相适应

19世纪德国经济学家瓦格纳提出了著名的"瓦格纳法则"，即：由于人们对公共物品的收入需求弹性较高，在经济发展过程中，随着人均收入的提高，人们对公共物品的需求增长将超过人均收入的增长，并因此使得公共部门的相对规模也相应增长。

从工业化国家的发展进程来看，瓦格纳的预言是正确的。但我国特殊的体制背景使20世纪90年代中期以前公共部门的变动明显偏离了"瓦格纳法则"。

在资源由政府配置转向主要由市场配置、政府退出一些微观经济领域、政府直接支配的资源量相对下降的过程中，财政支出结构并没有得到与市场经济相适应的根本转变。我国财政在公共物品供给方面低水平的支出格局严重影响了政府履行其正常职能。

（2）农村公共物品供给责任划分不合理，供给主体不明确

①政府和市场在农村公共物品供给责任上划分不合理。公共物品的市场化供给是有条件的，如果政府从本该由政府供给的领域撤出，会出现市场失灵，必将造成公共物品供给不足，影响社会福利水平；另一方面，如果本来可以通过市场供给的却不通过市场来供给，导致市场竞争不足，也会影响公共物品的供给效率。

②各级政府之间对公共物品供给的权责不明晰。正常情况下，中央政府应该负责提供全国性的、普遍的公共物品，而具有区域特征的、局部需求明显的地方性公共物品由地方政府负责提供。但在实际中，中央政府与地方政府在农村公共物品的供给上责任划分不尽合理，本该由上级政府提供的公共物品却通过政府权威转移事权交由下级政府来提供，并最终落到乡政府甚至农民头上。同样地，本应该由政府提供的农村社区的纯公共物品的最终供给也落到了农民头上。这无疑加重了农民的实际负担，最终导致农村公共物品供给不及时。

（3）地方政府的财权与事权不均衡

随着所得税、营业税改革，地方新增财力减少，县乡财政收入受到较大影响，

从财源充足的程度看，随着产业结构的调整和产品升级，乡镇经济由于技术含量较低，在市场竞争中处于不利地位，而县级经济也增长乏力，再加上我国目前的转移支付制度不规范，从而使落后地区农村公共物品供给资金得不到有效保障，进而弱化了农村公共物品的供给能力。中央政府把有些事权下放得过低，又没有给予足够的转移支付，使得县乡政府的事权与财权高度不对称，导致县（乡）政府将财政压力转向农民成为一种现实压迫下的无奈之举。

（4）公共物品的供给模式

就公共物品的供给模式而言，"自上而下"的制度外公共物品供给决策机制，导致了供给的低效率。在这种供给模式下，农民的需求意愿得不到有效的体现和表达，其供给体现的是上级领导的利益选择和政绩表达，因此不可避免地带来农村公共资源筹集和使用的失衡。最终导致"供给的无法满足需求，真正的需求得不到有效供给"的尴尬局面。

（5）农村公共物品的制度安排

农村公共物品供给方式缺乏多元化的制度安排，供给主体单一，造成供给的稳定性差。政府作为公共利益的代表，成为农村公共物品最重要的供给者。但由于我国政府财政能力不足，使得单一的政府供给难以避免低效率或无效率。少量的民间供给主体也无力满足巨大的农村公共物品需求。同时，由于缺乏相应的产权保证，使得私人资本进入农村公共物品供给领域的风险和阻力都较大，因而影响了公共物品供给主体多元化发展。

（6）农村公共物品供给的筹资渠道

农村公共物品供给的筹资渠道狭窄，无法满足公共物品供给的资金需要。我国财政转移支付的数额有限，特别是"税改费"实施后农业税的取消，进一步加大了农村公共物品供给的筹资难度。此外，我国农村投融资体制在支农服务方面还存在功能性障碍，如农村信用社支农能力不足、中国农业银行离农趋势明显、商业性金融和政策性金融支农作用不明显等，这些问题导致金融支农服务总体上呈萎缩态势，造成农村民间投资贷款难，限制了金融资金在农村公共物品供给中作用的发挥。民间供给主体的参与，为农村公共物品的供给注入了新鲜的血液。但由于民间资金的投资规模小而分散，致使规模效应难以形成。

（7）农村公共物品供给资金使用与管理的有效监督机制的缺乏

农村公共物品供给资金使用与管理的有效监督机制的缺乏，增大了农村公共物品供给的成本。由于信息不对称、预算不完整以及行政体制改革滞后等原因，使得农村公共资源的使用过程缺乏有效监督。这种状况大大增加了农村公共物品供给的成本，降低了供给效率，加重了农民负担。

2.3.7　公共物品供给理论的分析对农业非点源污染调控提出的要求

农业非点源污染调控面临着巨大的农村公共物品供给问题。事实上，它不单要明确相关基础设施、新添设备的供给主体，更是要为农业非点源污染调控工作确定具有更大利益驱动的责任主体。

首先，国家应加大对农村公共物品供给的财政投入，将相关的紧缺的、关系到农业可持续发展的公共物品供给列入国家财政预算中，率先保证相应资金到位情况。制定相关政策，监督、保障相应资金的使用情况，严禁挪用，做到"专款专用"。农业污染，尤其是农业非点源污染的调控关系到农业的可持续发展，关系到国家生存、发展的长远之计，国家应该重视相关公共物品供给方面的投入。

其次，应该促使"减少农业非点源污染排放"这一目标从国家、政府在可持续发展战略选择上的要求转变为农业生产者的一种基于私人利益追求的需求，这种转变一方面依赖于对相关知识的宣传、环保意识的提高，更大程度上还依赖于既减少农业非点源污染，又实现农业生产效益增加的生产函数的存在，以及农业生产者对其的认知。

再次，尽快完善农村金融制度，促进环境保护等公益事业产业化，利用金融市场解决农业非点源污染调控过程中公共物品供给的融资问题。

最后，鼓励农村金融创新。通过设计包含环境指标在内的环境指数，并使其进入金融市场进行交易，为相关的生产者和消费者提供激励，使其关注农业非点源污染及其调控情况。类似于美国的天气指数的出现。由于天气与农业生产息息相关，因而天气对农产品的产量有着直接的影响。又因为产量决定供给，在需求一定的情况下，供给就成为价格变化的单一变动因素，因而，天气对农产品的价格也有着必然的联系。这就是天气指数这一看似没有价格效应的指标进入金融市场的基础。农业环境质量对农产品的产量，也具有长期的必然联系。农业生产中，农业污染日益加剧，排放的污染会逐渐影响土壤的肥力、影响邻近水源的水质，进而影响农田生产力和农产品产量。进而，在需求一定的情况下，影响农产品的市场价格。但是，由于农业非点源污染自身的隐蔽性、滞后性、模糊性等特征，使得环境质量对农田产量的影响具有一定的延时效应，因而，相关指数的确定还依赖于大量数据的监测，也有赖于相关技术的进步。

可见，完善农村金融制度、创新金融品种可以有效地吸引民间资本的进入，扩充农村公共物品供给资金的有效来源。

2.3.8　与农业非点源污染调控相关的农村公共物品供给模式选择

农业非点源污染具有广泛性、随机性、滞后性、模糊性、潜伏性等特点。其扩散方式（途径）主要包括雨水淋溶、土壤渗漏、地表径流等。因此，农业非点源污染的扩散不但受农业生产方式、农作行为的影响，还会受自然条件（包括天气因素、地理地质因素等）的影响。

由此，农业非点源污染调控要遵循"源头治理"的原则，其具体工作以防治设施的基本建设为基础，以防治技术的进步为依托，以防治技术的应用和推广为主要硬件支撑，以相应激励、政策、教育手段为软件保障，以农业生产者的自主、自愿参与为主要实施办法，来实现农业非点源污染源头治理、有效调控的最终目标。在此，有效调控指的是：具有较低的经济成本，农民能够从中获得可观的成本收益率，具有较好的社会、生态、环境效益，能保障农业稳定、持久的发展和演进。

针对调控中包括的相关公共物品供给问题，其供给模式也会因公共物品的种类不同而有所差别。综合农业非点源污染的特点和我国农业发展的现实阶段，调控中的公共物品供给更大程度上依赖于政府供给或政府—集体的联合供给。考察当前我国农业发展、农民生活水平、主体地位及各方面情况，农民在整个国民各阶层中处在收入较低、生活水平不高、综合素质较低、缺乏社会优越感的生活状态，农民的人均年收入与城市居民有很大差距，且生活质量更是悬殊。在这种城乡经济、社会发展差异较大的背景下，再让农民为环境、防污治污这一公共性、公益性事业、为良好的农业环境这一公共物品的供给支付成本，就与我国统筹发展中的"公平"原则不符，同时，在构建和谐社会的大背景下也有失公允。

在农业非点源污染调控方面，所需要的设备、设施投入包括农田水利设施建设、农村生活污水集中处理设备的投入、生活垃圾分类、处理设施的投入、关键点污染程度检测设备的投入、先进减污及治污技术引进的投入、先进技术传播的费用等。在这些公共物品中，有些是纯公共物品，如农田水利设施、污染处理设备等，应该由中央政府来负担，安排专款进行资助。如关键点污染程度检测设备这部分投入可以列入相关部门的建设中，如环境保护和监测部门，也可以安排在较高级别政府对应的部门中，这样，一套设备的购置就可以同时服务于其辐射范围内的所有行政单位的监测和监督，可以避免重复建设和资金浪费，节约成本。再如，技术的引进和传播这类公共物品可以归属于准公共物品，其供给也是有经济利益的。新的生产技术可以提高资源利用率，减少农业生产资料的投入，减少农业非点源污染的排放，减少农业生产者在相应政策或规定下减排或处理污染排放的费用，进而实现成本的降低，在增加社会、环境外部收益的同时，也增加农民的收益，提高整个经济体系的内部收益。由此，调控技术的引进和传播也可以成为创收的经营项目，这类准公共物品的供给和需求主要依靠市场来调节，私人和集体供给就有了实现的可能。在市场有效的前提下，这类准公共物品的有效供给，还依赖于相关知识的普及和农业生产者环保意识、环保能力的提高。在农业非点源污染调控工作中，为促进调控工作的顺利展开所进行的教育也可以分为两类，基础性的环保教育属于纯公共物品，它的提供应该依赖于政府出资和政府主张；而能够辅助改善农民生产方式、生产操作的农作技术的培训，以及具有减污增效特点的新农技培训辅导则具有一定的经济效益，对农民具有一定的经济激励，这类准公共物品的供给可以由农村生产合作组织提供，也可以由私人主张依据俱乐部管理模式进行供给。

2.4　农业非点源污染调控中的交易费用问题

2.4.1　交易费用理论概述

（1）交易费用的定义

张五常定义，"交易费用包括一切不直接发生在物质生产过程中的费用。"迈克尔·迪屈奇把交易费用定义为三个因素：调查和信息成本、谈判和决策成本以及制定和实施政策的成本。阿罗使交易费用概念更具有一般性：交易费用是经济制度运行费用，它包括：①信息费用和排他性费用；②设计公共政策并执行的费用。E.菲吕伯顿和 R.瑞切特这样概括交易成本：交易成本包括那些用于制度和组织的创造、维持、利用、改变等所需资源的费用……当考虑到存在着的财产和合同权利时，交易成本包括界定和测量资源和索取权的成本，并且还要加上使用和执行这些权利的费用。

（2）交易费用存在的原因

威廉姆森认为，交易费用的存在取决于三个因素：受到限制的理性思考、机会主义以及资产专用性。受到限制的理性思考说的是人的有限理性，人的智力资源是稀缺的，人的认识是有局限性的。机会主义描述了"狡诈的追求利润的利己主义"。资产专用性是指耐用人力资产或实物资产在何种程度上被锁定而投入的特定贸易关系，因而也就是在何种程度上它们在可供选择的经济活动中所具有的价值。资产专用性的高水平意味着双边垄断的存在。

（3）交易费用的意义

总量的交易成本与每笔交易的交易成本的关系是交易成本测量中的一个重要问题。在一个发达国家交易成本占 GDP 的比重呈上升态势，经济发达了，分工越来越细了，科技的进步需要我们把一部分资源用于交换领域。总量的交易费用是庞大的社会分工体系不得不付出的成本。发展中国家的贫穷在相当程度上是因为交换成本和交易成本，即经济运行的成本十分高昂。用肯尼斯·阿罗的概念，如果经济运行成本是高昂的，那么整个经济体系就不可能获得良好的经济绩效。这里的成本高昂是指发展中国家由于制度缺失，每笔交易的成本高昂。当分工和专业化达到一定程度，当交易部门实现了规模经济后，社会总量交易费用会上升，占国民生产总值的比例增大，但每一笔交易的交易费用会下降。因而，交易费用的大小也可以作为评判一个国家、一个企业发达水平的标准。

（4）关于科斯定理

科斯在《企业的性质》一文中指出，市场的运行是有成本的，通过形成一个组织，就能节约某些市场运行的成本。新制度经济学家发现，交易费用就是经济制度运行的费用。

科斯在其《社会成本问题》一文中提出了著名的科斯定理：若交易费用为零，则无论权力如何界定，都可以通过市场交易达到资源的最佳配置。但现实经济生活中交易费用不可能为零，由此人们推出"科斯反定理"或"科斯第二定理"，即在交易费用为正的情况下，不同的权力界定，会带来不同效率的资源配置。在存在交易费用并且为正的情况下，由于人们对自己的经济活动的成本、收益十分关心，如果产权明晰，就可以从自己的努力（包括合理使用资源）中得到明确的、可预期的收益，促使人们对其拥有的资源进行更有效的配置，同时也有权排斥他人侵扰自己的财产。从宏观上讲，市场无序度越大，交易成本越大，市场经济的效率就越低，经济增长的能力就越弱。通过明晰产权规范和约束人们的行动，可以有效地配置和利用资源，增加信息量，减少信息成本和交易成本，形成良好的市场秩序和社会信誉，规避或减小风险。

在新制度经济学家看来，交易费用是解释经济绩效的关键。发展中国家的绩效差，是因为这些国家的产品市场和要素市场都存在高昂的交易费用。科斯指出，事实上，这些国家在社会交往及其经济活动中所面临的高昂成本是产生低水平绩效和贫困等问题的根源。交易费用的存在表明，制度框架为生产效率提供了激励机制。

（5）交易费用理论

张五常认为，交易费用范式中有三个基本的经济命题：第一个是约束条件下极大化的假定；第二个是向下倾斜的需求曲线（不必区分消费和投资活动），这也包括边际生产率递减；第三个是机会成本，即成本是所放弃的价值最高的选择。

交易费用理论的基本论点有：①市场和企业是相互替代而不是相同的交易机制，因而企业可以取代市场实现交易；②企业取代市场实现交易有可能减少交易的费用；③市场交易费用的存在决定了企业的存在；④企业在"内化"市场交易的同时产生额外管理费用。当管理费用的增加与交易费用节省的数量相等时，企业的边界趋于平衡（不再增长扩大）；⑤现代交易费用理论认为交易费用的存在及企业节省交易费用的努力是资本主义企业结构演变的唯一动力。

（6）交易费用理论对农业非点源污染调控的启示

交易费用理论对农业非点源污染调控的启示就在于：通过组建组织来进行相关事宜的管理，以此来减少交易成本。

事实上，企业可以理解为是具有共同利益、共同目标的行为主体的集合，它们通过规模生产、统一管理、信息共享、风险共担来降低市场的交易成本。以相同的理论，农民在进行农业生产时，也面临成本、生产、管理、信息、风险等方面的问题，也存在较高的交易成本。因而，具有相同目标、具有共同利益追求的农民也应通过形成或组建相应的农业生产合作组织来实现资源共享、风险共担和成本节约。这种非政府组织的形成，可以在不改变现有生产模式的情况下，实现规模生产。在将交易成本转移做组织管理成本的同时，还可以实现社会效益、环境效益的增加，从社会总体经济效益而言，实现了总体资源的优化配置。

从某种程度上讲，农业生产合作组织的建立在实现规模生产、信息共享的同时，也为农业产业化、现代化的发展提供了条件。

2.4.2　农业非点源污染调控中的交易费用

由交易费用理论分析，交易费用存在的一个重要原因是机会主义的存在。在威廉姆森的解释中，机会主义被理解为"狡诈的追求利润的利己主义"，但在农业生产的过程中，机会主义意味着农业生产者有天然的动机追求私人的农业生产收益而忽视由此造成的社会成本的增加或社会资源的损失。因此，在政府相关部门采取不监管或弱监管的情况下，农业污染调控过程中的交易成本就会大大增加。

在迈克尔·迪屈奇的阐述中，交易费用包含调查和信息成本、谈判和决策成本、制定和实施政策的成本三个因素；在阿罗的阐述中，交易费用是经济制度运行的费用，包括信息费用和排他费用、设计公共政策并执行的费用。事实上，在分析农业非点源污染调控问题的过程中，"交易成本"可以直观地被理解为因产权不明晰、制度不确定而造成的不确定性进而导致的工作无序和效率低下，以及由此而引发的成本增加。

事实上，农业非点源污染导致的交易费用与农业非点源污染调控的交易费用并不相同，一旦农业非点源污染被有效调控或治理，前者的交易费用就可以被节约，而相应出现后者的交易费用。因而，在该研究中，有必要明确农业非点源污染调控的交易费用。

从上述的理论分析可以得出，农业非点源污染调控工作所需考虑的交易费用包括以下几个方面。

①信息成本。其中不仅包括对污染情况、相关数据收集的费用，也包括对防

污、治污技术、相关政策传播所需的费用。标准制定产生的费用也属于信息成本。制定相关的污染防治标准，需要对污染现状做深入的了解，掌握相应的测量技术、购置相关的测量设备、对环境的污染负荷和自净能力有全面的了解等投入都隶属于信息成本的范畴。同时，信息成本也包括因信息披露制度不完善而带来的信息风险所导致的成本。

②谈判和决策成本。实质上就是对行为者的教育、劝说成本。

③产权分割、明晰的成本。如对流域水资源相关产权进行分割、明晰的过程中，所需的论证、验证相应的成本支付。

④制度制定、执行的成本。包括相关研究的成本、各部门配合实施的成本，即监管费用、奖励激励费用等。环境保护、污染控制制度，尤其是农业非点源污染调控相关的制度设计，涉及关系国家安全、关系占国民人口数绝大部分的农民的切身利益的土地资源的权利分配，涉及私人与社会整体在成本、收益上的均衡，是一个复杂的系统工程，因而所需耗费的交易成本也将是巨额的，而且因系统的复杂性而不得不承担较大的风险。

⑤补偿成本。即因调控制度实施而对社会经济体系各主体造成的影响及缓解负面影响所需的成本都属于相应项目的交易成本。

根据交易费用理论，总量的交易费用是庞大的社会分工体系不得不付出的成本，而交易费用实际上也是衡量整个经济体系经济绩效的有效工具。如果交易费用高昂，那么整个经济体系的经济绩效就是低效的；相反，随着交易费用的降低，经济体系的经济绩效会逐渐提高。在农业非点源污染调控中，相关的交易费用的降低，就意味着调控措施有效性的提高。

在纯商品市场，当分工、专业化达到一定程度，交易部门形成规模交易后，社会总量交易费用会提高，占国民生产总值的比例增大，但每笔交易的交易费用会下降。这也正是社会经济发展的趋势。

2.4.3 交易费用理论分析对农业非点源污染调控的要求

经过交易费用理论的分析与讨论，对农业非点源污染调控工作提出了如下要求：

①完善信息披露制度，使信息公开化、透明化，增强信息供给的可信度和权威性，降低决策过程中的信息成本；②完善市场机制，提高市场有序性，降低政策执行的成本；③明晰农业非点源污染调控相关物品、资源的产权，以减少调控的排他成本。

总之，除了制度设计的成本无法减少外，其余成本都可以通过相关机制的完善予以降低。由于这里考虑的是长期效益，因而不细算产权明晰、制度完善的成本。

2.5 基于行为经济学理论的农业非点源污染调控分析

2.5.1 引入行为经济学的原因

农业非点源污染的调控与其他的环境污染治理、调控工作有别，其根源在于农业非点源污染自身的特性，其污染行为普遍，涉及范围广，受污染扩散途径的影响，农业非点源污染具有隐蔽性、滞后性、模糊性、随机性等特点，因而导致了其监测、治理工作难度大。面对这些突出的问题，非点源污染的治理不能采用点源污染治理中"末端治理"的原则，自然也就无从沿用点源污染治理的方法和措施，再加上农业非点源污染的治理和调控需要在污染调控的同时兼顾我国农业生产条件、农村现状以及农民综合素质等问题，所以，农业非点源污染调控与城市污染、点源污染等已经得到有效控制的污染调控问题相比显得更为复杂，其调控需遵从"源头治理"原则。自 20 世纪 80 年代我国农村实行家庭联产承包责任制以来，农民成为农业生产的主体，其生产决策具有自主性。因此，在现行的农村经济组织形式下，无论任何资源条件、何种技术和政策都必须通过农民的生产行为来实现。

在农业生产中，施肥和用药是较为集中的农业非点源污染源，这些操作的行为主体是农民，因而，农业非点源污染源头治理的主要目标就是使农民改变农业生产方式。而在生产方式的改变上，最为根本、彻底、有效的途径就是使农民能够自愿参与农业非点源污染调控项目，主动采用先进的减污、治污生产措施。基于以上分析，引入行为经济学，从行为主体的主观决策依据出发，运用相关理论对农业非点源污染调控进行分析是必要的。研究中主要分析农民在农业非点源污染调控中的角色选择、行为选择问题，进而为农业非点源污染调控、为促进农民自愿参与调控项目寻找突破口和决策思路。

2.5.2 引入行为经济学的合理性

行为经济学并非单纯的经济学，它包括了心理学的内容，因而它对人的行为决策相关的经济问题、经济过程的分析更接近真实情况。毕竟"理性人"的论调是一种假说，现实生活中的决策者仅是"有限理性"的。而行为经济学的分析正是在"有限理性"的论调上展开的。

用行为经济学的相关理论和方法分析农户作为农业生产主体，在面临农业非点源污染调控和自身利益倾向的矛盾选择中的决策影响过程，可以有效地分析行为主体对相关政策、措施的反应，有助于探求激励农户采用亲环境行为（即减排、防污、治污）的有效激励手段和切入角度。通过对采纳调控技术的行为的研究，可以为相关政策制度、措施选择提供参考。

2.5.3 行为经济学理论对农业非点源污染调控问题的分析

（1）道德作用对农民行为的影响

行为经济学认为，当道德因素掺杂在行为之中时，价格变化的结果与经济学的理论往往有很大的不同。由此看来，当人们习惯于以道德约束某类行为时，它的效率是最高的，成本是最低的；而当这种道德约束可以由经济约束（如罚款等）方式替代时，其效果明显变差，效率降低，成本增加。因此，在农业非点源污染调控中，要重视非正式制度约束在调控中的作用。通过教育提高人们的环保意识，普及这种道德约束。但也应该清醒地认识到，道德准则在人们心里扎根需要较长的时间，因此，短期内还需要支付交易费用、交易成本，通过经济激励、命令强制等手段实现有效调控。但要持续地将教育的普及、环保意识的提高作为对长期社会收益的"投资"。

（2）更高的收益期望是农民生产行为变化的主动力

在行为经济学的理论分析中，人们的行为决策中存在明显的参照依赖性。也就是说，在行为主体对"损失"与"获得"的认知中，实际情况与参照水平之间的相对差异比实际的绝对值更有意义。因而，在对"是否参与农业非点源污染调控"进行决策的过程中，农民更注重调控措施实施前后，其收益情况的变化。相对而言，现有的收益水平（即未采取措施时的收益）即为决策过程中的参照。若农民的决策单从其私人收益角度出发，那么，其自愿参与调控措施的根本动力就在于参与后，其农业生产的经济收益能高于未参与时的收益。若农民的决策受多元化因素影响，那么，通过教育、宣传等手段，使农民认可减少农业非点源污染带来的社会效益、环境效益，使社会效益、环境效益成为其决策的影响因素，就可以在农民决策参照依赖性的基础上，增强农民自愿参与调控措施的倾向性。因而，从不同角度促使农民认同并实现农业非点源污染调控的有效收益，是促使农民改变生产行为、参与农业非点源污染调控措施的最主要动力。

（3）农民具有损失厌恶的心理特征

损失厌恶是指人们厌恶任何形式的损失，并尽量使这种损失不再发生。在决策过程中，人们赋予损失的权重显著大于赋予获得的权重。换言之，等量的损失要比等量的获得对人们的心理产生更大的影响。在经济方面，人们对损失的价值感知通常是相同数量所得的两倍。因此，在经济决策中，人们对于风险规避的谨慎心理要远胜于对利润获得的冒险心理。

农业非点源污染调控措施的实施包含成本增加、收益不确定性等风险。在调控措施中，测土施肥、配方施肥、喷灌、滴灌等科学的农作方式及生物净化厕所、泄洪沟等污染处理技术的使用需要相应的配套设施；低毒、低残留的农药与普通农药相比具有更高的成本；免耕、少耕等保护性耕作技术的采用增加了作物减产的风险。面对先进的、减污的、替代性的农业生产技术，以上问题的存在大大降低了农民参与调控措施的成本收益率，增大了农民的经济收益风险，与现行生产实践相比，成本收益率的降低和风险的增加就是给农民带来的损失。

在现有的生产条件下，农民可以获得稳定的产量和收入，而参与调控措施带来的损失使农民主观上放大了对相应风险的认知，因而，损失厌恶心理大大削减了农民自愿参与调控措施的积极性。

（4）锚定心理的存在，对农业非点源污染调控措施的实施效果提出了更高的要求

在行为经济学中，锚定心理指的是，人们倾向于把一件事，无论它是否与决策有关，作为自己决策的一个参照依据。中国有句俗话，"一朝被蛇咬，十年怕井绳"，实际上就是锚定心理的形象描述。这种心理存在的原因在于，人们在决策时，其决策的依据并非是绝对的定位水平，而是与某一参照点之间的相对定位水平。由于锚定心理的存在，人们在进行判断时常常会过分看重那些具有显著性的难忘的证据，并易于将这些证据作为参照系，从而得出歪曲的认识。可见，"锚定心理"是导致认知偏差的一个重要因素。

由于锚定心理的存在，一旦农民在参与调控措施的过程中遭受了效益减少、经济损失，他们就会认为参与调控措施势必造成收入减少，导致以后自愿参与的积极性更小甚至没有。如果某一调控措施的实施不但没有减少他们的收益，反而增加了成本有效性，那将有利于自愿参与的进一步实施与推广。从理论上讲，我们现有的工程技术措施、管理措施以及综合治理方案如能全面实施，农业非点源污染是可以得到有效控制的，但除了相关的技术和管理方法外，在实施过程中，政策因素的影响以及执行部门、主管部门的相关政策、规定和执行力度都会对影响实施效果。于是，锚定心理的存在对农业非点源污染调控措施的实施效果提出了更高的要求。我国当前的制度体系和行政执行力度还不足以保障调控措施顺利、无障碍的实施，这也正是不少农民对调控措施的实施效果产生质疑、不愿参与的原因。

（5）农民更注重短期收益

与农业非点源污染调控措施长期可获得的社会效益、环境效益以及经济效益相比，农民更关注调控措施带来的短期内的成本增加和生产风险。据行为经济学论证，在经济人的行为选择过程中，短期收益会比长期收益更受关注，即使是在长期收益比短期收益更可观的情况下。这是农民缺乏自愿参与积极性的又一原因。

（6）框架效应对农业非点源污染调控切入点的启发

所谓框架效应，指在不确定状态下，行为主体的选择不仅与不同行动方案的预期效用有关，更与这些行动方案对基准点的偏离方向有关。它所反映的问题在于，当同样的问题用不同的方式呈现时，人们的行为选择会发生变化。

因此，对农业非点源污染调控未必要以"污染治理"为出发点和宣传目标，这种心理暗示导致的行为主体参与积极性方面的差异可以从框架效应中得到解释。当以"污染调控"为直接目标时，其目标是一种公共收益，是社会效益和环境效益，对个体参与积极性的激励不大，同时其存在的个人收益减少的风险，或由生产方式改变而对农作物产量增加的限制反倒会降低农民自愿参与的积极性。相反，若以农产品品质提高、质量提高为推广农业非点源污染调控措施的主要目标，以提高市场竞争力、提高市场价值、市场收益为激励，以减污、治污为实现目标的手段或生产过程中的质量保障、监测手段，将更有助于提高农民自愿参与的积极性，为农业非点源污染调控工作的顺利推广提供有效激励。不同的策略选择会导致农民行为决策的不同结果，因而，行为经济学的分析为相关策略的制定提供了有效的理论基础。

2.5.4　行为经济学从互惠与利他的角度分析公共物品的供给问题

通常，人们在决定是否对公共物品作出贡献时，面对着一种特殊的囚徒困境。由于个人贡献的边际收益小于个人贡献的边际成本，因而，即使在全部个体都作出贡献时全部个体都可以获得更好的结果，他们也会选择不对公共物品作出贡献。

农业非点源污染调控中，对农民自愿参与调控措施的促进和激励而言，传统经济学的研究方法是用理性人单纯追求个人利益最大化和搭便车行为来进行解释；而在行为经济学的分析中，则认为，农民是否参与农业非点源污染调控、是否采取减污、治污措施，其决策实质上是自利人群与互惠人群相互作用的结果。

互惠人群的特点就是根据别人的行为来作出相应反应，所以如果他们意识到自利人群的存在并且同时预期到自利人群会为了他们的自身利益作出不利于自己的行为，那么他们就会采取相应的报复手段，使得在其后的行为决策中，原先愿意提供公共物品的互惠人群也拒绝对公共物品项目作出任何贡献。在这样的影响下，原来的互惠人群也表现出自利的倾向。相反，互惠人群也可能影响自利人群，使其采用与自己相同的表现，进而使更多的人从属于互惠人群，能够自愿参与污染调控，主动承担污染调控相关的公共物品供给责任。事实上，这就是农业非点源污染调控所需实现的目标。

在相关的激励和促进方法上，Fehr 和 Gachter 在对公共物品供给的研究中，对搭便车者施与了惩罚机制，得到了改善的实验结果。在他们的实验研究中，所有个体对公共物品的贡献都是公开的，这样互惠人群可以观察到他人是否有搭便车行为，而且他们可以减掉搭便车者一定金额的收入来实施惩罚，但与此同时，互惠人群也要付出一定的成本。实验表明，不少个体会选择对搭便车者实施惩罚，可以说这些人都属于互惠人群。而这种直接惩罚机制的存在使得最后的社会效用相对于没有直接惩罚机制有了很大的改善。在后续的重复实验和绝对陌生人重复实验中，被测试者的选择甚至达到了接近社会效用最大化的选择。这也间接证明了制度设计的重要性，制度设计为行为主体的行为选择提供了约束，而这些约束能够引导行为主体沿着社会效益最大化的方向决策。

2.5.5 行为经济学分析对农业非点源污染调控提出的要求

以上行为经济学的分析，对今后农业非点源污染调控的实施提出了以下要求。

（1）政府应该进一步强化农村基础教育，使基础教育涉及环境、资源保护知识，强化环保知识的宣传和普及，努力提高农民环保意识，从道德层面上提高农民对参与农业非点源污染调控的责任感和自愿性。同时，进一步完善农村的职业教育和农技培训，提高农民的农业生产技能，提高农民进行减污生产、防污、治污的能力。

（2）在农业非点源污染调控措施有效性的考察上，问题不单纯在于措施或技术本身，而更大程度上取决于实施调控措施、采用减污技术的成本状态。若监测或调控的费用过高，势必会造成管理成本高、效率低、农民参与率低等不良结果，因此，调控措施的制定需考虑管理组织和操作的成本以及管理效率。因而，要求不断加快农业非点源污染调控技术的进步、完善农业非点源污染调控制度，努力降低农业非点源污染调控的成本和风险，消除农民行为决策的后顾之忧，保障农民参与调控措施的成本收益率。

（3）正确选择农业非点源污染调控措施的推广角度，以最优的定位策略优化现有市场条件对农民自愿参与的激励。

（4）在政策制定上，对互惠人群、互惠行为予以肯定和奖励，激励自利行为者向互惠和利他行为者转变，并对自利人群实施直接惩罚。

（5）积极开发农业保险项目，为农民的生产行为提供有效保障。农民缺乏自愿参与积极性的原因在于农民抵御风险的能力比较低。虽然我国农民当前的生产能力和生活水平均有所提高，其财富积累也在逐日增加，但农户家庭经营的小生产性，并没有彻底改变其脆弱性，由此也决定了我国农民承担风险的能力较差，只有少部分农民愿意冒风险，绝大部分农民仍具有求稳的心理特点。这种脆弱性与求稳心理成为制约农民采用先进生产技术的最大障碍。因而，农业保险项目的开发、推广和普及将会降低农民对生产中风险的预期，有助于农民大胆使用减污、治污的农业生产方式，以减少农业非点源污染调控措施的推广阻力。

2.6　小结

　　本章分别从外部性特征、产权理论、公共物品供给理论、交易费用理论、行为经济学理论等角度对农业非点源污染及其调控问题进行了深入分析，并在理论分析的基础上对农业非点源污染调控工作的顺利进行提出了建议和要求。

3 基于博弈论的农业非点源污染调控农户行为分析

现有的防治措施如能顺利实施，就可以实现对农业非点源污染的"源头治理"，但其顺利实施是有条件的：①相关部门必须具备治污规划和设计经济激励方案的专业知识，同时，污染者必须具备能够做出适当反应的能力；②政府必须具备启动、监督和执行经济激励计划的财力和管理能力；③环境资源的产权必须明晰，受法律保护；④具有充分竞争的市场。

与之相比，我国又具有如下国情：①农业非点源污染调控研究起步较晚，且大部分地区、流域的农业非点源污染调控仅停留在研究、试点阶段，地方政府对农业非点源污染的监管工作还处于真空状态；②农民知识水平低、环保意识差，属于收入水平、社会地位均较低的人群，因而经济利益最大化是农民在进行农业生产决策时的主要目标，缺乏参与调控措施的激励和动机；③国家财政还未对农业非点源污染调控设立专项基金，因而目前农村相关的生产设备、基础设施还明显不足；④农民只拥有环境资源的使用权，没有所有权，因而在资源的开发利用上缺乏可持续性，使得诸如排污权交易之类的经济激励措施缺乏实施的平台。

面对如此国情，我国要想实现对农业非点源污染的"源头治理"，就必须从改变农民意识和农业生产行为入手，使农民能够自愿参与农业非点源污染调控措施。但现实中，农民缺乏自愿参与动机已经成为我国农业非点源污染调控工作面临的最大困难，自然就成为我国农业非点源污染能否有效调控的关键问题。

农民的自愿参与行为作为农民在生产决策中的一种选择，其最终的实现不单依赖于相关制度的设计、技术的宣传和推广、环保意识的增强，还取决于农户之间的博弈均衡，以及政府在相关决策中的选择、政府与农户之间的博弈均衡。在经济学分析中，农民作为生产者，其生产决策之间存在相互影响和相互制约。这种关系的存在使得农民在生产行为决策上缺乏个体独立性。因而，对农民行为的研究必然要对其决策过程中的多种博弈过程进行分析。

3.1 农户参与农业非点源污染调控措施的行为决策分析

面对农业非点源污染的调控措施，农户的行为选择集为{参与，不参与}，政府相关部门的行为选择集为{监管，不监管}，因此，基于"源头治理"原则，农业非点源污染调控的目标就是使农户、政府相关部门等行为主体在针对"是否参与农业非点源污染调控"以及"是否予以监管"的博弈过程中实现鼓励农民积极参与农业非点源污染调控的均衡状态。具体博弈过程分析如下。

3.1.1 农户之间的博弈分析

在不考虑政府监管的条件下，假设各农户具有相同的生产函数，利润率相同，设为 δ（$\delta>0$）。农民的战略集合为{参与，不参与}，即农户在该博弈过程中的决策内容是"是否参与调控措施"。设参与调控措施时的生产成本为 c，不参与时的生产成本为 c'，得到如下收益矩阵，见表3-1。

表3-1 农户间博弈收益矩阵（无监管）

农户甲	农户乙	
	参与	不参与
参与	$c\delta$，$c\delta$	$c\delta$，$c(1+\delta)-c'$
不参与	$c(1+\delta)-c'$，$c\delta$	$c(1+\delta)-c'$，$c(1+\delta)-c'$

由于 $c>c'$，故 $c\delta<c(1+\delta)-c'$。农户在决策过程中以利润最大化为目标，因而，博弈过程的纳什均衡为（不参与，不参与）。即在市场竞争条件下，农户都不愿参与调控措施。同时也可以说明，在完全信息条件下，只要有一个农户不参与，其他农户就有不参与的动机。

下面考虑存在政府监管的情况。在一定的监管机制和环境保护制度体系下，不参与调控措施的农户会在强制管制下因生产过程中向环境排放了非点源污染而被处以金额为 η 的罚款。在其他条件都不变的情况下，农户间的博弈收益矩阵如表3-2所示。

表 3-2　农户间博弈收益矩阵（有监管）

农户甲	农户乙	
	参与	不参与
参与	$c\delta$，$c\delta$	$c\delta$，$c(1+\delta)-c'-\eta$
不参与	$c(1+\delta)-c'-\eta$，$c\delta$	$c(1+\delta)-c'-\eta$，$c(1+\delta)-c'-\eta$

从博弈收益矩阵中我们可以看出，如果政府想通过强制监管使博弈的纳什均衡落在（参与，参与），则必须满足 $c\delta>c(1+\delta)-c'-\eta$，即 $\eta>c-c'$。这说明，政府强制监管对农业非点源污染的治理是有效的，但其条件是罚款金额要高于农民不参与调控措施的成本节约；否则，纳什均衡仍维持在（不参与，不参与），农民将宁愿以缴纳罚款替代参与调控措施。

3.1.2　农户与监管部门（政府）之间的博弈分析

由于农业非点源污染具有广泛性、隐蔽性、潜伏性等特点，因而其监测成本较高，且随着监管力度的不同，其监管成本差异很大。故政府的监管力度对农民的行为选择也有很大的影响。双方的博弈不存在纯战略纳什均衡，因而只能求解混合战略的纳什均衡。

这里假设农户的混合战略为 $\sigma_N(\theta,1-\theta)$，即农户以 θ 的概率选择参与，以 $(1-\theta)$ 的概率选择不参与；政府的混合战略为 $\sigma_G(\gamma,1-\gamma)$，即政府以 γ 的概率选择强监管，以 $(1-\gamma)$ 的概率选择弱监管。设农户参与的成本为 c，不参与的成本为 c'（$c'<c$）；政府实施弱监管的成本为 c_w，实施强监管的成本为 kc_w（$k>1$）；弱监管情况下对不参与的农户罚款金额为 η，在强监管情况下罚款金额为 $g\eta$（$g>1$）；农民参与时，因污染减少而获得的环境效益为 b，不参与时的环境效益为 hb（$0<h<1$）。可以得到博弈的收益矩阵如表 3-3 所示。

表 3-3　农户与政府间的博弈

农户		政府	
		强监管 γ	弱监管 $(1-\gamma)$
θ	参与	$c(1+\delta)-c$，$b-kc_w$	$c(1+\delta)-c$，$b-c_w$
$(1-\theta)$	不参与	$c(1+\delta)-c'-g\eta$，$hb+g\eta-kc_w$	$c(1+\delta)-c'-\eta$，$hb+\eta-c_w$

则农户的期望效用函数为：

$$\upsilon_N(\sigma_N,\sigma_G)=\theta\{\gamma[c(1+\delta)-c]+(1+\gamma)[c(1+\delta)-c]\}$$
$$+(1-\theta)\{\gamma[c(1+\delta)-c'-g\eta]+(1-\gamma)[c(1+\delta)-c'-\eta]\}$$
$$=(g-1)\gamma\eta\theta+(c'+\eta-c)\theta-(g-1)\eta\gamma+c(1+\delta)-c'-\eta$$

则农户的最优化一阶条件为：$\dfrac{\partial \upsilon_N}{\partial \theta} = \gamma\eta(g-1) + c' - c + \eta = 0$

故 $\gamma^* = \dfrac{c - c' - \eta}{\eta(g-1)}$。

同理，政府的期望效用函数为：

$$\begin{aligned}
\upsilon_G(\sigma_G, \sigma_N) &= \gamma\big[\theta(b - kc_w) + (1-\theta)(hb + g\eta - kc_w)\big] \\
&\quad + (1-\gamma)\big[\theta(b - c_w) + (1-\theta)(hb + \eta - c_w)\big] \\
&= \theta(b - bh - \eta) + \gamma(g\eta - kc_w - \eta + c_w) - \gamma\theta(g\eta - \eta) + hb + \eta - c_w
\end{aligned}$$

则政府的最优化一阶条件为：$\dfrac{\partial \upsilon_G}{\partial \gamma} = (g\eta - kc_w - \eta + c_w) - \theta(g\eta - \eta) = 0$

故 $\theta^* = \dfrac{\eta(g-1) + c_w(1-k)}{\eta(g-1)}$。

因此，在该博弈中，(θ^*, γ^*) 是唯一的均衡。其中，$\theta^* > 0$，要求 $\eta(g-1) > c_w(k-1)$，且 θ^* 越大，农民参与的概率就越大，说明政府的监管越有效。这表明，在制度设计中，强、弱监管间的罚款金额的差别要大于监管成本的差别，且越大越好。从中我们发现，在我国的国情限制下，要想实现农业非点源污染的有效调控，就应尽量降低政府进行全面监管的成本，研发简便、高效的监测手段，并辅以畅通、高效的制度保障。

在是否参与调控措施的问题上，农民作为决策者，其决策的依据也包括其他竞争者的决策和市场、政策环境的变化。因而，合理利用市场竞争、重新进行制度设计、对农民的生产行为进行引导和激励，在解决环境污染问题上是至关重要的。

3.2 农业非点源污染调控相关公共物品供给投资的博弈分析

3.2.1 农户之间的博弈分析

（1）非合作博弈

在农业非点源污染调控中，在依靠农民自愿参与的情况下，在农业非点源污染设施的购置问题上，农民间为出资问题进行的博弈分析如下：

以两个农户的博弈为例。

假定：购置防污设施的成本为 α，两个农户的初始禀赋为 θ，防污设施购置使用后，因成本节约，减污、治污费用的减少，每个农户实得的效用为 β。另假定：$\theta > \alpha > \beta$，$\beta > \dfrac{\alpha}{2}$。策略集有以下三种选择：①若双方都愿意出资，则双方平分成本为 $\dfrac{\alpha}{2}$；②若只有一方愿意出资，需独立承担成本 α；③若双方都不愿出资，则均维系初始禀赋 θ。

在双方都愿意出资的情形下，对个人而言，成本为 $\dfrac{\alpha}{2}$，效用为 $\theta + \beta$；对社会而言，成本为 α，效用为 $2(\alpha + \beta)$。其收益矩阵如表 3-4 所示。

表 3-4   农户对农业非点源污染调控设施购置的出资博弈（非合作博弈）

农户甲	农户乙	
	出资	不出资
出资	$\theta + \beta - \dfrac{\alpha}{2}, \theta + \beta - \dfrac{\alpha}{2}$	$\theta + \beta - \alpha, \theta + \beta$
不出资	$\theta + \beta, \theta + \beta - \alpha$	θ, θ

由博弈过程可知，对农户甲而言，乙出资时，甲选择不出资，效用 $\theta + \beta > \theta + \beta - \dfrac{\alpha}{2}$；乙不出资时，甲仍选择不出资，因为 $\beta < \alpha$，故 $\theta > \theta + \beta - \alpha$。因此，"不出资"成为农户甲的严格占优策略。同理，"不出资"也是农户乙的严格占优策略。在此博弈过程中，农户之间没有合作，没有协商，因而是一个非合作博弈，（不出资，不出资）是该博弈过程的占优策略均衡，也是博弈的纳什均衡。该均衡的含义在于：任何一个农户单方面改变策略，情况都会比现在更糟糕。但从社会效用上分析，在农户个人效益优化的情况下，社会总效用只有 2θ，低于任何一种策略的情形。故这种均衡并非是帕累托有效的。

其博弈均衡非帕累托有效的根源在于，农户之间没有合作。现实中，农户都是以自身利益最大化为激励和目标进行行为选择的，在自愿选择的情况下，博弈结果会维持不变，故若要想改进博弈均衡，则需要依赖于具有强制性、约束力的协议。

（2）合作博弈

对上述的博弈进行改进，关键在于使农户之间达成某种强制性的协议，即使博弈形成合作博弈。假定农户之间存在强制性协议，规定未出资者禁止使用非点源污染防治的相关设施，但是在返还出资者的建造投资成本 $\dfrac{\alpha}{2}$ 并支付 $\omega(\omega < \dfrac{\alpha}{2})$ 的使用费用的前提下，也可与出资者一样具有使用相关设施的权利。在这种情况下，出现合作博弈的纳什均衡分析如表 3-5 所示。

表 3-5　农户对农业非点源污染调控设施购置的出资博弈（合作博弈）

农户甲	农户乙	
	出资	不出资
出资	$\theta+\beta-\dfrac{\alpha}{2},\theta+\beta-\dfrac{\alpha}{2}$	$\theta+\beta-\alpha,\theta+\beta-\dfrac{\alpha}{2}-\omega$
不出资	$\theta+\beta-\dfrac{\alpha}{2}-\omega,\theta+\beta-\alpha$	θ,θ

在这组合作博弈中，不存在占优策略均衡，但存在（不出资，不出资）和（出资，出资）两个纳什均衡。在博弈过程中，一旦双方的行为达成一致，任何一方都不会单方面地改变自己的策略。因为，在双方都不出资的情况下，如果一方率先改变策略出资购置设施，其效用降低为 $(\theta+\beta-\alpha)$；在双方均出资的均衡条件下，一方改为"不出资"，其效用降低为 $(\theta+\beta-\dfrac{\alpha}{2}-\omega)$。但相比之下，共同出资时的效用要大于双方均不出资，即 $\theta+\beta-\dfrac{\alpha}{2}>\theta$。同时，在共同出资的均衡条件下，社会总效用为 $2(\theta+\beta)-\alpha$ 也是最大的。可见，合作博弈情况下实现的共同出资的均衡，可以同时实现个人效用的最优和社会总效用的最优，是一个可以实现帕累托最优的均衡。进而，这个博弈模型可以通过合作进行改进。

合作博弈的实现避免了因信息不对称给博弈均衡实现造成的障碍，但均衡结果还取决于未出资者事后享用设施所需支付的补偿费用。在上述博弈中，这种补偿支付为 $\dfrac{\alpha}{2}+\omega$，这种补偿支付要大于事前的成本支付 $\dfrac{\alpha}{2}$，实质上也是一种经济激励，鼓励农户在事前进行支付，主动承担农业非点源污染调控设施购置的责任。下面将讨论当补偿支付仅为 $\dfrac{\alpha}{2}$ 或 $k(k<\dfrac{\alpha}{2})$ 时的情形。

①当事后补偿支付为 $\dfrac{\alpha}{2}$ 时，其博弈的收益矩阵如表 3-6 所示。

表 3-6　农户对农业非点源污染调控设施购置的出资博弈（合作博弈）（1）

农户甲	农户乙	
	出资	不出资
出资	$\theta+\beta-\dfrac{\alpha}{2},\theta+\beta-\dfrac{\alpha}{2}$	$\theta+\beta-\alpha,\theta+\beta-\dfrac{\alpha}{2}$
不出资	$\theta+\beta-\dfrac{\alpha}{2},\theta+\beta-\alpha$	θ,θ

该博弈的纳什均衡为（出资，出资），且也能够同时实现个人效用和社会效用的最大化。

②当事后补偿支付为 k 时，其博弈的收益矩阵如表 3-7 所示。

表 3-7　农户对农业非点源污染调控设施购置的出资博弈（合作博弈）（2）

农户甲	农户乙	
	出资	不出资
出资	$\theta+\beta-\dfrac{\alpha}{2},\theta+\beta-\dfrac{\alpha}{2}$	$\theta+\beta-\alpha,\theta+\beta-k$
不出资	$\theta+\beta-k,\theta+\beta-\alpha$	θ,θ

该博弈的纳什均衡为（不出资，不出资），由于 $k<\dfrac{\alpha}{2}$，使得事后享用设施的补偿支付低于事前的成本支付，因而，没有激励能够促使农户在事前主动承担防污、治污设施的购置成本支付责任，故双方都不愿意出资。

由以上分析可知，在农户未出资购置非点源污染调控设施的博弈中，如果在农户之间没有一个具有约束力的协议，在没有政府和第三方介入的情况下，所有农户都出资的可能性是极低的。原因在于农业非点源污染调控的设施属于公共治污设施，其使用具有很强的非排他性，使得在使用中难以避免"搭便车"现象。但这并非仅是协议达成就能解决的问题，其关键问题在于对事后享用相关设施所制定的补偿支付金额与事前成本相比的大小关系，只有在未出资者享用污染调控设施的成本不低于事先出资购置设施的成本的情况下，才能为农户共同出资解决农业非点源污染调控公共物品供给问题提供激励，以实现个人与社会"双赢"的最优均衡。成本差异越大，提供的激励也越大。

3.2.2　农户与政府之间的出资博弈分析

在纯市场条件下，发达的经济社会可以实现公共物品的私人供给，但我国农村当前的发展水平、农民的生活水平，还不能支持农户对农业非点源污染调控设施这一公共物品的充足、及时地供给，因而，在这一重要问题上，政府的参与是必要的，包括调控和出资。因此，我国目前的发展状况无力支持农民对相关设施的供给承担完全责任，因为完全的私人供给要以私人经济实力作为基础，我国农民的经济状况不能实现这种经济上的支付，同时，私人对公共物品的供给会因公共物品先天的非竞争性和非排他性而导致使用过程中的"搭便车"现象，易造成供给不足。同时，我国财政也不能为该项公共物品的供给承担完全责任，最终导致的最优选择就是由农民来承担农业非点源污染调控设施购置的部分责任，由政府来提供相关的补贴。由此，就从客观上引发了农户与政府之间就农业非点源污染调控设施购置出资问题的博弈。

在这个博弈过程中，政府所需要考虑或确定的问题包括：①满足帕累托最优条件的公共物品数量；②与该供给数量相对应的融资渠道和融资组合，对于政府来说，通常情况下是拟定相关的税收组合和税收比率，或是相关的补贴政策。

假定该项目所需的设备的购置成本为 A，则农户与政府之间对于农业非点源污染调控设施购置投资方面的博弈过程可以概括为以下几步：①政府在追求社会福利最大化的情况下，根据自己的情况和掌握的信息，制定出政府对该项目愿意承担的出资额上限 B，该信息可以向农户公布，属于共有信息；②农户在得知该信息后，在追求自身效用最大化的前提下，对该项目的投资给出最优策略，即由农户来给出最优税收，并将税款交给政府，设税款总额为 C；③政府根据农户上交的税款的总额来进行相关设施购置资金供给的决策：若 $C>A-B$，则政府为该项目所需设备的购置出资；若 $C<A-B$，则政府拒绝出资，并将农户上交的税款如数退还。

将上述博弈过程模型化有如下结果：

（1）模型假设

假设经济中有两个农户，政府用农户根据其对公共物品的评价而自愿上交的税收总金额以及政府为此提供的资金来提供公共物品。在这个过程中，信息是不完全的，每个农户知道自己对公共物品的评价策略，但政府并不知道各农户的评价策略，而只知道各农户对公共物品的评价服从某一概率分布。

设 t_1、t_2 分别表示两个农户 1、农户 2 对公共物品愿意出资的份额，即对公共物品的评价策略，余下的份额由政府提供。设政府提供的份额为 t_3，则 $t_3=1-t_1-t_2$；设 t_1、t_2 独立同分布于 $\left[0, \dfrac{1}{2}\right]$ 均匀分布，设它们的分布函数都为 F；政府愿意出资的最大份额为 $1-a$，其中 $\dfrac{1}{2} \leqslant a \leqslant 1$，$a$ 取此值是因为政府不愿意出太多的份额，因而，$1-a$ 可视为政府对其所应当承担的社会福利保障责任确定的边界。如果 $t_1+t_2 \geqslant a$，政府就提供公共物品；如果 $t_1+t_2<a$，政府就不提供公共物品。政府的支付函数和农户的支付函数属于共同知识。

为了简化模型，设农户 1、农户 2 的支付函数为拟线性效用函数，即：$U(G,x)=b_i \ln G+x$，$i=1$ 或 $i=2$，其中，b_i 是参数，它的含义是：在其他量不变的情况下，b_i 值越大，农户 i 对公共物品 G 评价越重。G 表示公共物品的价值，x_i 表示农户 i 消费私人消费品的货币数量，在这里假设私人消费品只有一种。

政府目标是追求社会福利最大化，于是它的支付函数可表示为：

$$U_g = c\left[U_1(G,x_1) + U_2(G,x_2)\right] - t_3 G' \qquad (3\text{-}1)$$

其中，$\left[U_1(G,x_1) + U_2(G,x_2)\right]$ 表示社会福利函数，c 表示政府对社会福利的一个评价权重（$0 < c < \dfrac{1}{2}$），政府越关心社会福利，则 c 值就越大。

（2）模型框架

农户 i 的支付函数是：

$$U_i = \begin{cases} b_i \ln G + m_i - t_i G & \text{当 } t_1 + t_2 \geqslant a \text{ 时} \\ 0 & \text{当 } t_1 + t_2 < a \text{ 时} \end{cases}$$

其中，m_i 为农户 i 的收入；当 $t_1 + t_2 < a$ 时，农户没有得到有公共物品供给时的效用，而得到保留效用，设它为零。

于是，农户 1 的期望效用为：$EU_1 = (1 - 2a + 2t_1)(b_1 \ln G + m_1 - t_1 G)$

同理，农户 2 的效用期望函数为：$EU_2 = (1 - 2a + 2t_2)(b_2 \ln G + m_2 - t_2 G)$

对政府来说，当 $t_1 + t_2 \geqslant a$ 时，政府实现公共物品的供给；否则，不提供相关的公共物品。假设政府在不提供公共物品时得到的效用为零。当 $t_1 + t_2 \geqslant a$ 时，政府的支付函数为：

$$U_g = c(b_1 + b_2)\ln G + c(m_1 + m_2) - G + (1 - c)(t_1 + t_2)G \qquad (3\text{-}2)$$

当 $t_1 + t_2 \leqslant a$ 时，政府不提供公共物品，于是政府的支付为零。

这样政府的效用期望函数为：$EU_g = p(t_1 + t_2 \geqslant a)U_g$，由概率论知识可求得：

$$EU_g = 2(1-a)^2\left[c(b_1 + b_2)\ln G + c(m_1 + m_2) - G + (1-c)(t_1 + t_2)G\right]$$

综上，政府对公共物品的最优问题可以表达为：

$$\max EU_g = 2(1-a)^2\left[c(b_1 + b_2)\ln G + c(m_1 + m_2) - G + (1-c)(t_1 + t_2)G\right]$$

$$\text{s.t.} \max EU_1 = (1 - 2a + 2t_1)(b_1 \ln G + m_1 - t_1 G) \qquad (3\text{-}3)$$

$$\max EU_2 = (1 - 2a + 2t_2)(b_2 \ln G + m_2 - t_2 G) \qquad (3\text{-}4)$$

（3）模型求解

$$a^* = \frac{(2G + b\ln G + m) - \dfrac{2}{1-c}(b\ln G + m - 2G)}{3G} \qquad (3\text{-}5)$$

$$t_1^* = \frac{4(1-2c)(b_1 \ln G + m_1) + (5-c)\ln G - 2(1+c)(b_2 \ln G + m_2)}{12(1-c)G} \qquad (3-6)$$

$$t_2^* = \frac{4(1-2c)(b_2 \ln G + m_2) + (5-c)\ln G - 2(1+c)(b_1 \ln G + m_1)}{12(1-c)G} \qquad (3-7)$$

（4）结果及讨论

考虑参数的变化对政府和农户最优选择的影响，由式（3-5）至式（3-7）得：

$$\frac{\partial a^*}{\partial b_1} = \frac{\partial a^*}{\partial b_2} < 0, \quad \frac{\partial a^*}{\partial m_1} = \frac{\partial a^*}{\partial m_2} < 0$$

$$\frac{\partial a^*}{\partial c} < 0, \quad \frac{\partial t_1^*}{\partial c} < 0, \quad \frac{\partial t_2^*}{\partial c} < 0$$

$$\frac{\partial t_1^*}{\partial b_1} > 0, \quad \frac{\partial t_1^*}{\partial m_1} > 0, \quad \frac{\partial t_1^*}{\partial b_2} < 0, \quad \frac{\partial t_1^*}{\partial m_2} < 0$$

$$\frac{\partial t_2^*}{\partial b_2} > 0, \quad \frac{\partial t_2^*}{\partial m_2} > 0, \quad \frac{\partial t_2^*}{\partial b_1} < 0, \quad \frac{\partial t_2^*}{\partial m_1} < 0$$

分析以上结果，可以得到以下结论：

① $\frac{\partial a^*}{\partial b_1} = \frac{\partial a^*}{\partial b_2} < 0$，意味着农民对公共物品的客观评价越高，政府对其的出资供给意愿就越大，其愿意出资的额度也就越大。这表明，农民对相关公共物品需求的客观表达将为政府提供公共物品提供必要的激励，这种解释基于政府对社会福利最大化目标的追求。

② $\frac{\partial a^*}{\partial m_1} = \frac{\partial a^*}{\partial m_2} < 0$，对于相关公共物品供给，政府愿意出资的最大额度会随着农民收入的增加而有所增加。从宏观的角度讲，这种政府供给决策与农民收入之间的相关性体现了政府对农业基础设施等公共物品投入的决策，以及政府对农村社会福利的保障程度是依从于农业发展阶段的。

③ $\frac{\partial a^*}{\partial c} < 0$，$\frac{\partial t_1^*}{\partial c} < 0$，$\frac{\partial t_2^*}{\partial c} < 0$，可见，若政府对社会福利评估的权重 c 增加，则政府减小 a^*，降低农民对农业非点源污染调控公共物品供给成本分摊的比例，政府将增加对相关公共物品的投资，增加公共物品被供给的可能性。依我国农村当前的发展阶段，农民的经济实力还有待进一步提高，因而，农村的基础设施供给还需要政府加大支持力度。从农户角度来看，c 增加，意味着政府加大对农业非点源污染的重视，进而加大对相关公共物品供给的重视程度，因而农户会减小对公共物品的评估 t_1^*，t_2^*，在博弈过程中自动降低对相关公共物品供给的出资意愿，将相关的支出归为社会福利保障范畴。相应地，政府以更大的出资意愿来应

对其对公共物品供给等社会福利的重视，因而会增加对相关项目的财政预算，减少对相关公共物品供给的税收项目和税率。这种制度倾向是符合我国农村的发展现状的，也是符合农民意愿的。

④$\frac{\partial t_1^*}{\partial b_1}>0$，可见，对农户个体而言，其对公共物品投资的意愿出资额会随其对公共物品评价的增高而增高。这一决策过程符合经济学的效用理论。在此过程中，农户对相关公共物品的评价是对公共物品效用的有效度量，因而，其带来的效用越大，农户对其的支付意愿就越强。

⑤$\frac{\partial t_1^*}{\partial m_1}>0$，农民对相关公共物品的出资意愿会随着收入的增加而增加。农民收入增加，购买力就提高，就有更强的提供公共物品的能力；此外，农民的收入提高，会促进农民追求更高的生活质量和更好的生产条件，因而，农民对公共物品有更大的需求，对农业生产环境也有了更高的要求。这些由农民收入增加引发的连带因素，都能够直接或间接地促进农业非点源污染调控相关公共物品的有效供给，促进污染的调控进程。

⑥$\frac{\partial t_2^*}{\partial b_1}<0$，$\frac{\partial t_2^*}{\partial m_1}<0$。这一结果表明，农民对公共物品供给的自愿出资额会随博弈对方对公共物品评价的增高而下降，也会随博弈对方的收入增加而下降。前者基于效用理论，行为主体应当为其在经济活动中享有更大的效用而支付更高的成本。后者则体现了博弈主体在行为决策中对社会公平的依赖，即从社会经济生活中获益多者应当承担更大的社会福利责任。

3.3 博弈分析对农业非点源污染调控提出的政策建议

在运用博弈模型对农民参与农业非点源污染调控措施的行为选择、农民对农业非点源污染调控公共物品供给出资问题的行为选择进行分析的基础上，农民共同参与农业非点源污染调控措施，并实现所需公共物品的有效供给这种社会效用最大化的行为主体决策结果的出现，对农业非点源污染调控工作提出了如下要求和建议。

①政府必须参与农业非点源污染调控，对农户的污染行为、对农业生产中的污染排放进行监管。

②政府相关部门应完善农业污染监督机制，制定严格、有力的惩罚制度，实施强监管方案，增加农民农业非点源污染行为的成本，以此来使农民止步于农业非点源污染行为。

③强监管的有效性条件在于：罚款金额应高于农民不参与调控措施的成本节约，以农业生产的成本收益率来制约农业非点源污染行为。

④为了有效解决农业非点源污染调控中的公共物品供给问题，政府相关部门应该引导、促进农民之间形成具有公共利益的协作组织，制定具有强制、约束力的协议，使各自对生产利润的追求成为一种合作博弈，以增加社会总效用，实现博弈均衡的帕累托最优。

⑤通过制度设计，为公共物品供给的事前支付提供优惠，增加事前支付成本与事后使用公共物品的补偿支付成本的差异，以此鼓励农户主动出资参与农业非点源污染调控相关公共物品的供给。

⑥加强环保教育，提高农民对农业非点源污染的认识，提高农民对农业非点源污染调控的主观需求，促进农民积极主动地参与调控措施，进而提高农民对农业非点源污染调控相关公共物品的评价，以调控主体的身份，推动农业非点源污染调控相关的公共物品的有效、及时地供给。

⑦国家应加强对农业非点源污染调控的财政支持，在当前的发展阶段为农业非点源污染调控提供公共物品供给保障。

⑧完善经济行为主体的意愿表达机制，建立健全信息披露制度，使农民能够真实、客观地表达其对农业非点源污染调控相关公共物品的评价和需求意愿，为政府作为提供激励。

3.4 小结

本章运用博弈论的相关模型，分别针对农户是否参与农业非点源污染调控措施的行为决策问题、农业非点源污染调控中涉及的公共物品的供给出资问题，从农户与农户、农户与政府的角度展开了博弈分析，其博弈结果为农业非点源污染调控的有效实施提供了决策支持和科学建议。

基于仿生神经网络算法的农业非点源污染预测研究

2010年2月9日，环境保护部、国家统计局、农业部三部门联合发布了《第一次全国污染源普查公报》，普查公报显示主要水污染物有四成来自农业污染源，其中，畜禽养殖业污染和种植业污染又是农业源污染中的重中之重。据普查公报的结果显示，化学需氧量（COD）排放量为1 324.09万t，占化学需氧量排放总量的43.7%；农业源也是总氮、总磷排放的主要来源，其排放量分别为270.46万t和28.47万t，分别占排放总量的57.2%和67.4%。农业源污染物排放对水环境的影响较大，主要水污染物排放量有四成以上来自农业污染源。在农业源污染中，比较突出的是畜禽养殖业污染问题，畜禽养殖业的化学需氧量、总氮和总磷排放分别占农业源的96%，38%和56%。水产养殖业主要水污染物排放量也分别达到了化学需氧量55.83万t，总氮8.21万t，总磷1.56万t。

国务院2011年9月印发了《"十二五"节能减排综合性工作方案》，明确提出"十二五"期间污染减排指标由化学需氧量、二氧化硫两项扩大到4项，增加了氨氮、氮氧化物；减排领域由原来的工业与城镇扩大到交通和农村。在消化增量的基础上，化学需氧量、二氧化硫分别减少8%，氨氮、氮氧化物排放分别减少10%，绝对削减量占排放基数30%左右，任务非常艰巨。"十二五"期间，农村和农业首次纳入主要污染物总量减排控制范围。在某种意义上说，农业源污染已经成为我国环境污染的首要污染源。农业源污染能否有效控制，对"十二五"期间主要水污染物减排目标的完成影响重大。要完成减排任务，首先需要对农业源化学需氧量和氨氮排放量进行准确计算与预测，探讨使用仿生神经网络算法对此进行测算，应用该方法进行测算的可行性，如果该方法可行，将应用于农业源减排规划和管理中。

4.1 仿生神经网络算法数学模型

本项研究将采用的神经网络模型为误差反向传递学习算法即 BP（Back Propagation）神经网络模型，该模型是一种具有三层或三层以上的阶层型神经网络，它包括输入层、隐含层（中间层）、输出层；输入层有 i 个节点，隐含层有 j 个节点，输出层有 t 个节点。上、下层之间各神经元实现全连接，即下层的每一单元与上层的每一单元都实现全连接，而每层各神经元之间无连接。网络按有教师示教的方式进行学习，当一对学习模式提供给网络后，神经元激活值从输入层经各中间层向输出层传播，在输出层的各神经元获得网络的输入响应。这以后，按减小期望输出与实际输出之间误差的方向，从输出层经各中间层逐层修正各连接权值，最后回到输入层。

算法步骤：

①设置初始权系 $w(0)$ 为较小的随机非零值。

②给定输入/输出样本对，计算网络的输出。

设第 p 组样本输入、输出分别为：

$$u_p = (u_{1p}, \ u_{2p}, \ \cdots, \ u_{np})$$
$$d_p = (d_{1p}, \ d_{2p}, \ \cdots, \ d_{np}) \qquad p = 1, \ 2, \ \cdots, \ L$$

节点 i 在第 p 组样本输入时，输出为：

$$y_{ip} = f[x_{ip}(t)] = f\left[\sum_j w_{ij}(t) I_{jp}\right] \tag{4-1}$$

式中　　I_{jp}——在第 p 组样本输入时，节点 i 的第 j 个输入；

　　　　f——激励函数。采用 Sigmoid 型，即：

$$f(x) = \frac{1}{1 + e^x} \tag{4-2}$$

可由输入层经隐含层至输出层，求得网络输出层节点的输入。

③计算网络的目标函数 J。设 E_p 为在第 p 组样本输入时网络的目标函数，取 L_2 范数，则

$$E_p(t) = \frac{1}{2}\left\|d_p - y_p(t)\right\|_3^2 = \frac{1}{2}\sum_k \left[d_{kp} - y_{kp}(t)\right]^2 = \frac{1}{2}\sum_k e_{kp}^2(t) \tag{4-3}$$

式中　　$y_{kp}(t)$——在第 p 组样本输入时，经 t 次权值调整网络的输出，k 是输出层第 k 个节点网络的总目标函数。

$$J(t) = \sum_p E_p(t) \qquad (4\text{-}4)$$

作为对网络学习状况的评价。

判别：若

$$J \leqslant \varepsilon \qquad (4\text{-}5)$$

式中　ε——预先确定的，$\varepsilon \geqslant 0$。

则算法结束，否则，至步骤④。

④反向传播计算

由输出层，依据 J 按"梯度下降法"反向计算，逐层调整权值。

$$w_{ij}(t+1) = w_{ij}(t) - \eta\,\frac{\partial J(t)}{\partial w_{ij}(t)} = w_{ij}(t) - \eta \sum_p \frac{\partial E_p(t)}{\partial w_{ij}(t)} = w_{ij}(t) + \Lambda w_{ij}(t) \qquad (4\text{-}6)$$

式中　η——步长或称为学习率。

从上述 BP 算法可以看出，BP 模型把一组样本的 I/O 问题变成为一个非线性优化问题，它使用的是优化中最普通的梯度下降法。如果把神经网络看成输入到输出的映射，则这个映射是一个高度非线性映射。

设计一个神经网络专家系统重点在于模型的构成和学习算法的选择。一般来说，结构是根据所研究领域及要解决的问题确定的。通过对所研究问题的大量历史资料数据的分析及目前的神经网络理论发展水平，建立合适的模型，并针对所选的模型采用相应的学习算法，在网络学习过程中，不断地调整网络参数，直到输出结果满足要求。

4.2　基于仿生 BP 神经网络模型算法的农业源氨氮排放量预测

4.2.1　模型输入输出节点确定及数据准备

根据 2010 年污染源普查数据，农业源氨氮主要来源于种植业，影响农业源氨氮排放量的主要影响因素包括粮食产量、蔬菜产量、化肥施用量以及乡村人口数量，另外农村氨氮的排放量还和农村农民人均纯收入相关，即农民人均纯收入增加将加大污染治理力度。我们用吉林省 2002—2010 年粮食总产量、蔬菜总产量、化肥施用量、乡村人口数量、农民人均纯收入数据作为 BP 模型的输入节点。

BP 神经网络模型的输出节点的选择对应于评价结果，为此，需要确定期望输出。在神经网络的学习训练阶段，"样本"的期望输出值应该是已知量，它可以由历史数据资料给定或通过一些数学统计方法评估得出，本项研究中使用吉林省环境统计公报中农业源氨氮排放量统计数据为输出指标。

以吉林省 2002—2010 年农业源氨氮排放量作为期望值作为输出节点。输入输出数据见表 4-1。

表 4-1　BP 神经网络模型输入、输出数据

年份	粮食总产量/万 t	蔬菜总产量/万 t	化肥/万 t	乡村人口/万人	农民人均纯收入/万元	农业源氨氮/万 t
2002	2 214.80	859.44	283.30	1 325.90	2 314.00	0.97
2003	2 259.60	881.01	287.30	1 304.00	2 530.00	1.02
2004	2 510.00	699.89	304.70	1 292.00	3 000.00	0.99
2005	2 581.21	832.56	306.00	1 289.50	3 264.00	1.13
2006	2 720.00	813.65	317.80	1 280.60	3 641.00	1.13
2007	2 454.00	878.46	331.90	1 278.65	4 190.00	0.95
2008	2 840.00	857.60	343.80	1 279.34	4 933.00	0.95
2009	2 460.00	968.42	359.00	1 278.82	5 266.00	0.90
2010	2 842.50	1 078.75	372.00	1 281.02	6 237.00	0.93

4.2.2　BP 神经网络模型结构的训练

首先训练 BP 神经网络的预测模型，我们用 2002—2007 年的样本指标值作为输入节点，与之对应的农业源氨氮排放量数值作为期望输出，导入 DPS 的图形用户界面，创建网络进行训练。主要训练参数设置如下：

①网络节点及隐含层单元数。输入层神经元节点为 5，输出层神经元节点为 1，隐含网络层数 1 层。

确定隐含层单元数的选择与输入输出单元的多少有直接的关系，参照以下公式确定：

$$n_1 = \frac{m+n}{2} + a$$

其中 n_1，m，n，a 分别是隐含层单元数、输入神经元节点数、输出神经元节点数及常数项，a 可随机选取 1～10 常数。这里我们确定隐含层单元数为 3。

②初始权值的确定。初始权值是不应完全相等的一组值。已经证明，即便确定存在一组互不相等的使系统误差更小的权值，如果所设 W_{ji} 的初始值彼此相等，它们将在学习过程中始终保持相等。故而，在程序中已经设计了一个随机发生器

程序，产生一组-0.5～+0.5 的随机数，作为网络的初始权值。

③最小训练速率。在经典的 BP 算法中，训练速率是由经验确定，训练速率越大，权重变化越大，收敛越快；但训练速率过大，会引起系统的振荡，因此，训练速率在不导致振荡的前提下，越大越好。因此，在 DPS 中，训练速率会自动调整，并尽可能取大一些的值，但用户可规定一个最小训练速率。我们把最小训练速率取 0.1。

④动态系数。动态系数的选择也是经验性的，一般取 0.3～0.9。我们的模型中动态系数取 0.6。

⑤允许误差。一般取 0.001～0.000 01，当 2 次迭代结果的误差小于该值时，系统结束迭代计算，给出结果。我们取允许误差 0.000 1。

⑥迭代次数。由于神经网络计算并不能保证在各种参数配置下迭代结果收敛，当迭代结果不收敛时，允许最大的迭代次数。我们取 1 000 次。

⑦Sigmoid 参数。该参数调整神经元激励函数形式，一般取 0.9～1.0。我们取 0.9。

4.2.3　BP 神经网络模型训练结果及分析

当网络训练多次后，网络性能达标，BP 神经网络模型训练完毕，BP 神经网络训练过程拟合残差图见图 4-1。

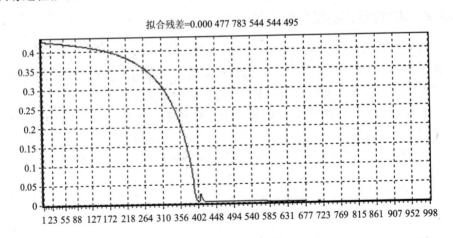

拟合残差=0.000 477 783 544 544 495

图 4-1　拟合残差图

第 1 隐含层各个节点的权重矩阵见表 4-2。

表4-2 第1隐含层各个节点的权重矩阵

第1隐含层各个节点的权重矩阵		
−6.466 1	0.630 1	3.408 5
−0.618 2	0.270 0	1.779 0
3.563 2	−0.838 5	−2.217 0
3.367 1	−0.064 0	−0.377 0
4.236 3	−0.205 3	−3.669 1

输出层各个节点的权重矩阵见表4-3。

表4-3 输出层各个节点的权重矩阵

输出层各个节点的权重矩阵
−8.538 1
1.809 6
6.716 5

应用2002—2007年数据我们对模型进行了训练，得到BP神经网络模型及输出变量的拟合值。使用2008—2010年数据输入该模型，使用该模型预测2008—2010年吉林省农业氨氮排放量。表4-4为该BP神经网络模型的训练输出结果，即模型拟合值与预测值以及模型误差率。

表4-4 BP神经网络模型农业源氨氮预测结果

年份	农业源氨氮/万 t	模型拟合与预测值	误差率/%
2002	0.97	0.97	−0.12
2003	1.02	1.02	0.08
2004	0.99	0.99	0.06
2005	1.13	1.12	−0.53
2006	1.13	1.13	−0.33
2007	0.95	0.95	0.04
2008	0.95	0.95	0.42
2009	0.90	0.95	4.57
2010	0.93	0.96	2.77

结果表明，该模型输出结果误差率均低于5%，说明该模型是有效的，完全可以用于农业源氨氮的预测。

4.3 基于仿生 BP 神经网络模型的农业源化学需氧量（COD）的预测研究

4.3.1 输入输出节点确定及数据准备

根据 2010 年污染源普查数据，农业源 COD 主要来源于畜牧业生产，影响农业源 COD 排放量的主要影响因素包括肉类总产量、水产品总产量、奶类总产量以及乡村人口数量，另外农村 COD 的排放量还和农村农民人均纯收入相关，即农民人均纯收入增加将加大污染治理力度。所以我们用吉林省 2002—2010 年肉类总产量、水产品总产量、奶类总产量、乡村人口数、农民人均纯收入数据作为 BP 模型的输入节点。

BP 神经网络模型的输出节点的选择对应于评价结果，为此，需要确定期望输出。在神经网络的学习训练阶段，"样本"的期望输出值应该是已知量，它可以由历史数据资料给定或通过一些数学统计方法评估得出，使用吉林省环境统计公报中的农业 COD 数据。

以吉林省 2002—2010 年农业源 COD 排放量作为期望值的输出节点。输入输出数据见表 4-5。

表 4-5 BP 神经网络模型输入、输出数据

年份	肉类总产量/ 万 t	水产品总产量/ 万 t	奶类/ 万 t	乡村人口/ 万人	农民人均纯收入/ 万元	农业源 COD/ 万 t
2002	263.50	10.51	18.89	1 325.90	2 314.00	22.88
2003	275.00	10.87	23.28	1 304.00	2 530.00	23.83
2004	288.00	11.98	26.00	1 292.00	3 000.00	23.47
2005	310.00	11.89	30.00	1 289.50	3 264.00	26.08
2006	315.00	13.07	35.00	1 280.60	3 641.00	26.72
2007	247.80	15.16	48.00	1 278.65	4 190.00	25.65
2008	384.50	15.50	65.00	1 279.34	4 933.00	23.99
2009	226.20	16.50	44.50	1 278.82	5 266.00	23.13
2010	238.90	16.60	44.60	1 281.02	6 237.00	22.58

4.3.2 BP 神经网络模型结构的训练

首先训练 BP 神经网络的预测模型，我们用 2002—2007 年的样本指标值作为输入节点，与之对应的农业源 COD 排放量数值作为期望输出，导入 DPS 的图形用户界面，创建网络进行训练。主要训练参数设置与农业源氨氮 BP 神经网络预测模型相同，此处不再赘述。

4.3.3 BP 神经网络模型训练结果及分析

当网络训练多次后，网络性能达标，BP 神经网络模型训练完毕，BP 神经网络训练过程拟合残差图见图 4-2。

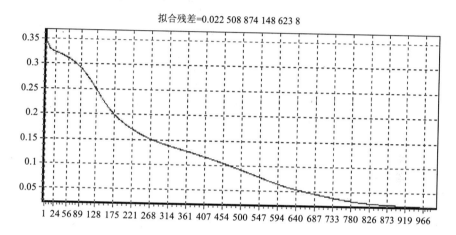

拟合残差=0.022 508 874 148 623 8

图 4-2 BP 神经网络拟合残差图

第 1 隐含层各个节点的权重矩阵见表 4-6。

表 4-6 第 1 隐含层各个节点的权重矩阵

第 1 隐含层各个节点的权重矩阵		
−1.481 0	4.179 4	−2.472 7
−1.239 1	−6.089 5	2.900 4
−6.323 4	−3.585 1	−6.254 3
−2.071 6	−1.856 1	14.985 2
3.962 3	−0.106 4	−3.847 0

输出层各个节点的权重矩阵见表 4-7。

表 4-7 输出层各个节点的权重矩阵

输出层各个节点的权重矩阵
12.926 0
13.076 2
−6.034 8

　　应用 2002—2007 年数据我们对模型进行了训练，得到 BP 神经网络模型及输出变量的拟合值。使用 2008—2010 年数据输入该模型，使用该模型预测 2008—2010 年农业源 COD 排放量。表 4-8 为该 BP 神经网络模型的训练输出结果，即模型拟合值与预测值以及模型误差率。

表 4-8　BP 神经网络模型农业源 COD 预测结果

年份	农业源 COD/万 t	模型拟合与预测值	误差率/%
2002	22.88	23.06	0.78
2003	23.83	23.77	−0.26
2004	23.47	23.52	0.20
2005	26.08	26.10	0.06
2006	26.72	26.48	−0.91
2007	25.65	25.65	−0.01
2008	23.99	24.87	3.68
2009	23.13	23.66	2.29
2010	22.58	23.63	4.65

　　结果表明，该模型输出结果误差率均低于 5%，说明该模型是有效的，完全可以用于农业源 COD 的预测与预报。但是也有一些误差，分析其原因可能一方面在于模型中采用的指标本身就不够全面，另一方面在于所获得的原始数据在统计中有一些误差。另外，由于复杂多变的内外部环境因素的原因，理论研究总是和具体的客观实际有一定的差距，这些差距还需要研究人员的主观能动性来进行弥补。

4.4　小结

　　根据研究，笔者认为运用仿生神经网络建立的农业源氨氮污染排放量与化学需氧量排放量预测模型是有效的，可以用这些已训练完毕的仿生神经网络模型对农业源氨氮污染排放量与化学需氧量排放量的预测进行实证研究，研究结果证明应用仿生神经网络分析法是目前对农业源氨氮污染排放量与化学需氧量排放量进行预测的一种比较科学合理的定量分析方法。

5 基于 AnnAGNPS 模型的农业非点源污染系统动态模拟

5.1 农业非点源污染形成机理

农业非点源污染物主要来自于人类的生产生活活动的过程中向土壤圈中释放的农业化学物质，它的产生、迁移与转化过程实质上是污染物从土壤圈向其他圈层尤其是水圈扩散的过程，本质上是一种扩散污染。对其机理的研究包括两个方面：一是污染物在土壤圈中的行为；二是污染物在外界条件下（降水、灌溉等）从土壤向水体扩散的过程。前者是研究的基础，后者是研究的重点和关键。土壤学家对农业化学品在土壤中的行为及作用机理取得了不少成果。

随着农业的进一步工业化，农业化学物质大量投入使用以及化肥农药的不合理施用使土壤中物质的平衡体系被破坏，污染物从土壤圈向其他介质圈层扩散。环境学家对这一过程进行了大量的调查研究实验，他们的工作大大推动了农业非点源污染的研究。

非点源污染物的形成作为一个连续动态的过程其主要是由于溶解态和固态污染物在降水（或融雪）和径流冲刷作用下，通过径流过程汇入水环境中（包括河流、湖泊、水库和港湾等），从而引起水体富营养化或者污染。农业非点源污染的形成，主要由降雨径流过程、土壤侵蚀过程、地表土壤溶质溶出过程和地表土壤溶质渗漏过程组成。这四个过程相互联系、相互作用，成为农业非点源污染的核心内容。

5.1.1 农业非点源污染发生的特征

与点源污染相比，非点源污染的发生机理要复杂得多，具有许多不同的特点，主要有以下几方面。

（1）非点源污染的发生具有间歇性和随机性

非点源污染是伴随着水文过程而发生的，表现为污染物在降雨所产生的径流冲刷下最终到达受纳水体的过程。非点源污染物负荷量的大小不仅与降雨量、降雨强度、流域下渗以及蓄水特征等重要的水文因素密切相关，而且还取决于流域的土壤特征、地表污染物累积量以及人类的土地利用活动。同时，污染物在迁移过程中所发生的沉淀、截留、溶解、化学反应和生物过程等又直接影响污染物的输出量。因此，非点源污染的输出既服从地表水文学的降雨—产汇流的规律，又有污染物本身的物理运动、化学反应和生物效应的演化规律，是水文、土壤、地理、气象和人为活动等多种因素综合作用的结果，因此导致了污染物负荷呈现随机性的特征。由于主要体现在非点源污染受水文循环过程（主要为降雨）的影响和支配，由此产生的非点源污染在降水的随机性和其他影响因子的不确定性，决定了非点源污染的形成具有较大的随机性和间歇性。同时这一特征还造成对污染物的监测、控制和处理上的困难。

（2）发生时机具有潜伏性和滞后性

非点源的潜伏性和滞后性是指污染物的形成和污染发生并不是同步进行的。在降雨来临之前，农业化学品的施用和其他污染物在土地上的累积都不会造成对水体的污染，这一段时间是非点源污染的潜伏期。但如果暴雨来临，潜伏期内累积的污染物就会迅速随径流流失，造成水体的污染。潜伏期越长，土地表面累积的污染物就可能越多，暴雨发生时所形成的污染负荷就可能越强。研究还表明，农药和化肥在农田中存在的时间长短也将决定非点源污染形成的滞后性的长短（Line 和 Osmand 等，1994）。通常，一次农药或化肥的施用所造成的非点源污染将是长期的。

（3）发生机理的复杂性

非点源污染的发生与传输机理涉及了多个学科的研究领域，其中包括气象学、水文学、土壤学和土壤侵蚀学等，其复杂性远远超过了点源污染。因此非点源污染机理的复杂性给非点源的监测、非点源模型的建立和非点源污染的控制提出了巨大的挑战。

5.1.2 降雨径流过程

降雨径流过程主要包括降雨、融雪、入渗、地下径流和河槽流等一系列自然过程。对降雨径流过程的研究，大多是以水文学为基础，重点研究作为非点源污染动力的径流的产流汇流特性。在非点源污染研究中，重点考虑产流条件的空间差异，有助于深刻揭示农业点源污染的形成。降雨径流过程是非点源污染的动力，是非点源污染物的载体。代表性的成果有美国水土保持局 20 世纪 50 年代提出的 SCS 模型。

5.1.3 土壤侵蚀过程

在水力、风力和冻融等外力作用下，土壤将被破坏、剥蚀和转运，从而产生土壤侵蚀过程。土壤侵蚀过程是农业非点源研究的重要内容，人们已认识到水土流失不仅使土壤环境和质量得到损害，而且给受纳水体带来危害，因为流失泥沙不仅是一种重要的非点源污染物，还是有毒金属和营养质等污染物的主要载体。关于水土流失的研究历史比较长，取得的研究成果也相当丰硕。美国在 20 世纪 60 年代通过大量实验提出 RUSLE 方程及后来的改进的 RUSLE 方程。

5.1.4 土壤溶质随径流流失过程

对地表土壤溶质随径流流失过程的研究主要包括对氮、磷等污染质随径流流失机理和规律的研究，描述的是不同的影响因子对污染质流失的影响。国内外学者对此作了有益的探讨，最早提出的概念是有效混合深度（EDI），它通过实验验证，使得污染质迁移过程的机理在某种程度上得到了解释，近几年随着人们对溶质迁移过程认识的加深，以及建模物理基础的不同，赋予混合层不同的含义，因此混合深度的确定是以建模物理概念为基础，利用实验资料反推而得。随后还出现了等效迁移深度等概念，为土壤溶质随径流流失过程的研究奠定基础。

5.1.5 土壤溶质渗漏过程

土壤中溶质的下层渗漏过程研究是目前农业非点源污染研究中的又一热点。非点源污染物是以溶解态的形式向下层土壤迁移，其运移过程是一个复杂的过程，受土壤特性、作物微生物等多种因素的影响。现阶段研究的对象多为硝酸盐和可溶性农药，研究实验手段以室内模拟试验为主，通过试验结果建立恰当的数学模型来描述其规律。对该过程的深入研究，有助于我们了解非点源污染对地下水的污染机理。

5.2 研究区概况

5.2.1 自然属性

（1）流域位置及地形地貌

新立城水库位于长春市东南部，距长春市中心 16 km，是以向长春市供水、防洪、灌溉等综合利用的大型水库,也是吉林省著名的风景游览胜地,其地理位置如图 5-1 所示。新立城水库坝址以上河长 90.2 km,拥有控制流域面积 1 970 km²,总库容 5.92 亿 m³,设计供水量 8 880 万 m³,基本河槽宽 10~20 m,河谷宽 1~2 km,河深 3~5 m,比降 0.7‰。

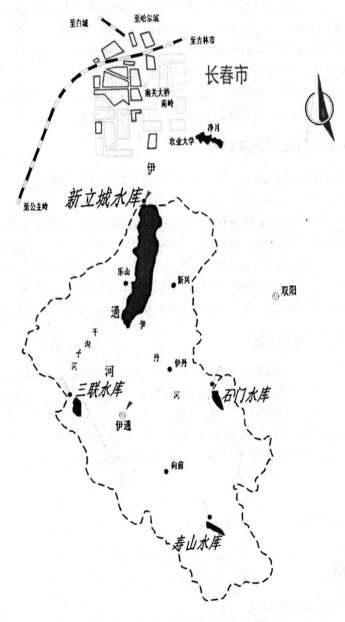

图 5-1　新立城水库库区位置

水库坝址以上流域形状呈长方形，平均宽度 20.7 km。流域内山地占 2/3，其余为河谷低平地。最高山岭高程为海拔 724 m，一般为 250~400 m。伊通以上山岭较高，河谷狭窄，伊通以下山岭逐渐降低，河谷平原逐渐展宽。坝址处两岸山岗向河谷收缩，是伊丹河汇合以下河谷最狭窄地段，坝址河谷平地高程为 207 m。

坝址以上河谷平地系较厚的冲积层所形成，表层为壤土，厚 3~4 m，渗水性较底部多沙砾石层，透水性较大。流域内河谷地全部开垦，山头部分的水土流失现象基本得到控制。

（2）土壤植被

新立诚水库汇水区周围的河漫滩及部分一级阶地的主要植被为小叶章和薹草等。汇水区以下的大部分土地为盐渍化土，天然植被为草甸草原植被、草甸植被和沼泽草甸植被。草甸草原植被为中旱生禾草组成，广泛分布于坝下区域，以羊草为主，野古草、冰草、薹草和隐子草次之，伴有 30%左右的杂草。

（3）气候特征

伊通河流域地处中纬度欧亚大陆东缘，属于北温带大陆性季风气候区。受大气环流的影响，在冷暖气团交替控制下，四季气候变化明显。其特点是：春季干燥多大风，夏季炎热多雨，秋季天高气爽日温差大，冬季严寒而漫长。一年中寒暑温差大，春秋两季短促，冬季受西北季风影响，流域地处西伯利亚大陆气团控制之下，气候寒冷，日平均气温低于 0℃时间一般从 11 月上旬到翌年的 3 月下旬，长达 5 个月之久。本地区多年平均降水量 593.8 mm，降水主要集中在 6—9 月，其中 6—9 月降雨量为 463.1 mm，占全年降水量的 78%；多年平均蒸发量 1 719.3 mm；多年平均日照时数 2 643.5 h；多年平均气温 4.9℃，多年平均风速 4.3 m/s。

5.2.2 社会属性

（1）社会概况

新立城水库上游区包括伊通、东丰、双阳区，以及长春市郊区的新立城区和库区管理局。共 24 个乡（镇），192 个村，总户数 83 473 户，总人口为 345 935 人，其中农业人口 291 950 人。年平均降水量 600 mm，降水多集中在 6—8 月，占全年降水量的 70%。新立城水库上游区多为坡耕地。

（2）农业施肥概况

农业非点源污染物中的氮磷主要源于化肥的流失，一般地，氮磷的流失量和农业化肥的使用量呈正相关，当不合理地过量使用化肥时往往造成氮磷的大量流失。

表 5-1   新立城水库上游现有土地面积及水土流失情况   单位：km²

项目	土地面积	耕地面积	现有水土流失面积	荒地	坡耕地面积	河岸流失	其他
合计	1 970.00	850.80	713.77	163.92	373.94	1.04	73.12
伊通县	1 445.94	618.28	537.71	3 797.78	289.15	—	66.14
东丰县	151.53	46.20	61.87	31.12	19.37	—	5.81
双阳区	60.38	34.38	26.38	5.23	19.00	—	1.06
新立城区	230.99	157.94	71.80	14.57	46.32	0.79	0.08
库区管理局	81.16	—	16.01	15.22	—	—	0.03

据调查，化肥中氮肥的使用主要以尿素、碳酸氢铵为主，磷肥以过磷酸钙为主。整个流域水稻田氮肥平均施用量为 23 kg/亩·年，磷肥平均施用量为 4 kg/亩·年，玉米地氮肥为 26 kg/亩·年，磷肥为 5 kg/亩·年，计算得到新立城水库流域的耕地年氮肥施用量约 6 358.8 t，磷肥施用量约 1 193.3 t。

目前，流域内化肥施用量为每亩 30 kg，高于全国每亩 25 kg 的施用水平，远超过了发达国家为防止化肥对水体造成污染而设置的 15 kg/亩 的安全上限。同时化肥施用比例不合理，氮肥用量明显偏高。

5.3   库区非点源污染调查

5.3.1   新立城水库污染现状

根据《吉林省环境状况公报》显示，全省江河、湖库仍然以有机污染为主，江河主要污染物包括高锰酸盐指数（化学需氧量）、氨氮、生化需氧量、挥发酚和石油类，湖库主要污染物包括总磷和总氮。同 2004 年相比，全省 65 个江河监测断面中水质下降的占 10.77%，好转的占 12.31%，保持不变的占 76.92%。在总体状况保持稳定的基础上，部分区域水质状况有所改善。

2007 年伊通河各监测断面中，除水厂小坝监测断面为Ⅳ类水质外，其余断面均为劣Ⅴ类。同 2006 年相比，水厂小坝监测断面水质有所下降，其余监测断面水质保持不变。新立城水库作为长春市的主要供水区之一，在 2007 年 7 月曾出现库区水面大面积生长蓝藻现象，一度曾停止向市区供水，严重影响了长春市人民生产生活。蓝藻现象主要是由于水体富营养导致微生物的大量繁殖，而水体富营养物质主要是氮、磷两种元素。

从 2007 年 7 月 13—8 月 3 日，吉林省水环境监测中心针对新立城水库发生蓝藻水华事件开展了水质应急监测工作，在水库坝前、库中和库末布设 9 个水质监测断面，采集水样 21 批 171 个。监测结果表明，新立城水库坝前总磷在 0.02～

0.28 mg/L，平均为 0.07 mg/L，总氮在 0.50～2.59 mg/L，平均为 1.03 mg/L；库中总磷在 0.02～0.15 mg/L，平均为 0.05 mg/L，总氮在 0.50～1.89 mg/L，平均为 1.00 mg/L；库末总磷在 0.02～0.17 mg/L，平均为 0.06 mg/L，总氮在 0.42～2.16 mg/L，平均为 0.92 mg/L。由此可见，新立城水库库区水质呈富营养化状态，为藻类在库区内大量迅速繁殖提供了营养条件。

5.3.2 污染原因分析

研究区新立城水库其水源来自上游寿山、石门、三联等水库和伊丹河、伊通河上游干支流。据调查上游水域周边存在许多糠醛、化工、造纸、酿酒等企业。同时这些企业在生产过程中均将产生的污染经河道直接排入水库，由此造成点源污染，从而进一步导致为污染面积更大的非点源污染。

与研究区域上游周边直接相邻的有 4 个乡镇、12 个村、32 个自然屯，这些乡镇村屯在日常生活和生产中将产生大量的生活垃圾和污水。并且，在农业生产中由于吉林省的化肥与农药施用量普遍高于全国施用水平，没有被作物吸收的农药、化肥等化学物质将随地表径流大量进入水库水体，进而加剧水体营养物质的浓度。

研究区域周边多为大面积的耕地，为粮食主要产区，存在农民盲目地为追求产量而对耕地过度地施用化肥或化肥施用比例不合理的现象（如氮肥用量偏高）。同时，水稻田集中分布在水库四周的平坦区域，大量未利用的化肥随农业退水流入水库；另外，为了扩大耕种面积，部分农民还在水库东北部及流域南部丘陵地带的坡地上开荒种地，改变原有的植被环境，从而导致水土流失以及氮肥和磷肥的大量运移，造成水库水体总氮含量的偏高。

5.4 AnnAGNPS 模型

AGNPS（Agricultural Non-point Source）是由美国农业研究局（USDA-Agricultural Research Service，USDA-ARS）和明尼苏达污染控制局（Pollution Control Agency，PCA）于 20 世纪 80 年代共同研制开发的农业非点源计算机模拟模型，主要用于预测和估算流域内的农业非点源污染负荷，该模型是一种次降雨分室模型，应用时将流域均等地划分为若干分室（图 5-2A），可对一场降雨后流域内各个分室的径流、泥沙、污染物等进行模拟，输出单个分室或整个流域的结果。模型在美国、欧洲、澳洲、中国台湾省等地均取得了较好的模拟结果。

AGNPS 在应用中虽然取得较好的效果，但由于它是单事件模型，在应用中有许多局限性，到 AGNPS5.0 版本以后就停止了开发。因此 20 世纪 90 年代初，美国农业部自然资源保护局（USDA-Natural Resource Conservation Service）与农业研究局（USDA-Agriculture Research Service）转向开发连续模拟模型 AnnAGNPS 模型（Annualized AGNPS）。

AnnAGNPS 模型是一种连续模拟模型，它不是沿袭 AGNPS 模型均等划分分室的方法，而是按流域水文特征将流域划分为一定的分室（cell），即按集水区来划分单元，使模型更符合实际（图 5-2B）；并以日为基础连续模拟一个时段内各分室每天及累计的径流、泥沙、养分、农药等的输出结果，可用于评价流域内非点源污染的长期作用效果。而 AGNPS 模型是一种场次降雨模型，无法对流域内面源污染进行长期预测。

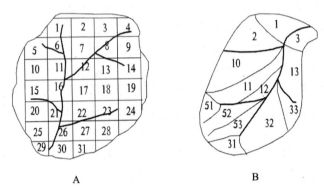

图 5-2　AGNPS 与 AnnAGNPS 模型基本单元格划分图

AnnAGNPS 模型的另一改进是采用修正的通用土壤流失方程（RUSLE）预测各分室的土壤侵蚀。此外，AnnAGNPS 模型还包括一些特殊的模型计算点源、畜牧养殖场产生的污染物、土坝、水库和集水坑对径流、泥沙的影响。

5.4.1　AnnAGNPS 模型结构

（1）模型的组成结构

AnnAGNPS 模型主要由以下模块组成：

①流网生成模块（Flow net Generator）。该模块包括 3 个子模块，分别为TopAGNPS、AGFIow 和 VBFlonet。TopAGNPS 是 TOPAZ（Topographic parameterization）模型的一个子模块。它利用格栅化的数字高程模型（DEM），分析、确定地形特征，划分汇水区、子流域、地表排水网路，计算坡长、面积等各项特征参数。AGFIow 模块在 TopAGNPS 的 3 个子程序运行后执行，主要功能是提取出集水区和单元网格的各种参数，产生流域的流网，生成的部分数据文件可以直接导入 AnnAGNPS 模型。VBFlonet 模块是一个 Visual Basic 程序，主要用于

图形显示 TopAGNPS 模型的输出结果。

②数据录入编辑模块（Input Editor）。主要是从键盘输入和编辑 AnnAGNPS 模型计算所需的数据文件，也可以导入从 DEM 提取的数据。

③天气发生器（Generation of weather elements for multiple application，GEM）。GEM 是为美国特定区域产生一套随机的多年的日气象参数的模型，包括每日的降雨量、最高和最低温度以及太阳辐射。

④数据文件转换模块（AGNPS-to-AnnAGNPS Converter）。转换以前版本的 AGNPS 数据文件，使以前的数据文件可以直接在模型 AnnAGNPS 上运行。

⑤AnnAGNPS 执行模块。该模块通过对输入数据的处理分析而得出模拟结果，是 AnnAGNPS 模型核心模块。

（2）模型的假设前提

模型化了的世界是理性建构的产物，是理性为自然立法的结果。所以，任何设计到模型的计算，都要在设计之时，应用几点假设，来保证运算的准确性和简便性。AnnAGNPS 软件在设计初就假设了以下几个基本方面：

①河流断面呈三角形；②不考虑降雨的空间差异，整个研究流域采用统一的降雨参数；③单元格可以是任意形状，但是内部径流方向唯一，对于任意一个单元格内的参数都是均匀和统一的；④细沟侵蚀与片状侵蚀的泥沙在单元格内没有残留，全部都被传输到河流；⑤表面流只流经 1 cm 的土壤层，表层土壤中的化学物质在表面流中被认为是均匀混合，下渗首先通过表层土壤；⑥模型的计算以一天作为步长，所有的组分（径流、泥沙、养分、农药）在模拟后的第二天全都到达流域出口；⑦模拟期内，养分和点源污染为常量，忽略地下水的影响；⑧对于迁移中沉降在溪流中的颗粒状污染物，忽略它们后续影响。

5.4.2　模型主要原理

AnnAGNPS 模型是一种连续分布、集中参数的模型，其应用 SCS 曲线模型作为水文基础，采用修正的通用土壤流失方程（RUSLE）预测土壤侵蚀；还包括一些特殊的模型计算点源，畜牧养殖场产生的污染物、土坝、水库和集水坑对径流、泥沙的影响。附带很多参数文件，对其中一部分参数的取值有具体细致的设定值作为参考。

AnnAGNPS 模型主要包括三个子模型：水文子模型、土壤侵蚀子模型和污染质迁移子模型。

（1）水文子模型

①地表径流的产生机理。AnnAGNPS 水文子模型中地表径流产生基于以下的水均衡：

$$SM_{t+1} = SM_t + \frac{WI_t - Q_t - PERC_t - ET_t - Q_{\text{lat}} - Q_{\text{tile}}}{Z}$$ (5-1)

式中 SM_{t+1}——$t+1$ 时刻的土壤含水量，%；

SM_t——t 时刻的土壤含水量，%；

WI_t——外界输入水量，包括降雨量、雪融水量和灌溉水量，mm；

Q_t——地表径流，mm；

$PERC_t$——离开各个土层的下渗水量，mm；

ET_t——蒸发量，mm；

Q_{lat}——地下侧流量，mm；

Q_{tile}——从排水设备流出的水量，mm；

Z——土层厚度，mm。

②地表径流的计算。径流计算采用了 SCS 曲线方程，并按每日的耕作、土壤水分和作物情况，调整曲线数；其中土壤前期水分条件（AMC I 和 AMC III）由 SWRRB 和 EPIC 模型计算，渗漏计算采用了 Brooks-Corey 方程，用户可以指定径流在单元内的迁移时间，也可以由内置模型 NRCS TR-55 计算。模型中单元内径流的前 50 m 作为地表漫流（overland Flow），接着的 50 m 作为浅层槽流（shallow Concentrated flow），其余按槽流（concentrated flow）计算，流量峰值计算采用了 TR-55 模型。

SCS 径流模型能反映不同土壤类型、不同土地利用方式及前期土壤含水量对降雨径流的影响，它具有简单易行，所需参数较少，对观测数据的要求不很严格的特点，是一种较好的小型集水区径流计算方法。它是基于集水区的实际入渗量（F）与实际径流量（Q）之比等于集水区该场降雨前的最大可能入渗量（或潜在入渗量）与最大可能径流量（或潜在径流量 Q_m）之比的假定基础上建立，即：

$$\frac{F}{Q} = \frac{S}{Q_m}$$ (5-2)

$$Q_m = P - I_n$$ (5-3)

实际入渗量为降雨量减去初损和径流量，表示为：

$$F = P - I_n - Q$$ (5-4)

可得：

$$\frac{P - I_n - Q}{Q} = \frac{S}{P - I_n}$$ (5-5)

$$Q = \frac{(P - I_n)^2}{S + P - I_n}$$
(5-6)

为了简化计算，假定集水区的该场降雨的初损为 I_a 为该场降雨前潜在入渗量的 0.2 倍，故为：

$$I_a = 0.2S$$
(5-7)

由此可得：

$$Q = \frac{(P - 0.2S)^2}{(P + 0.8S)} \qquad (Q = 0, P \geqslant 0.2S)$$
(5-8)

因此可得：

$$Q = \begin{cases} (P - 0.2S)^2 / (P + 0.8S) & (P \geqslant 0.2S) \\ 0 & (P < 0.2S) \end{cases}$$
(5-9)

式中　Q——地表日径流量，cm；

P——降雨量，cm；

S——滞留参数。

③CN 值的影响因素及其确定方法。CN 值是 SCS 模型的主要参数，是用于描述降雨与径流关系的参数。CN 值把流域下垫面条件定量化，用量的指标来反映下垫面条件对产流、汇流的影响。CN 值是土地利用类型、土壤类型、土壤前期湿润程度的函数。因此确定研究区域的土地利用类型、土壤类型和土壤前期湿润程度是模拟过程的首要任务。

理论上，CN 取值介于 0～100，但在实际条件下，CN 值在 30～100 变化，根据土壤特性不同，可将土壤划分为 A、B、C、D 四大类型，并由此确定其 CN 值，其中 A 类为渗透性很强、潜在径流量很低的一类土壤，主要是一些具有良好透水性能的沙土或砾石土，土壤在水分完全饱和的情况下仍然具有很高入渗速率和导水率。B 类为渗透性较强的土壤，主要是一些沙壤土，或者在土壤剖面的一定深度具有一层弱不透水层，当土壤在水分完全饱和的情况下仍然具有较高的入渗速率。C 类为中等透水性土壤，主要为壤土，或者虽为沙性土但在土壤剖面的一定部位存在一层不透水层，土壤在水分完全饱和的情况下保持中等入渗速率。D 类为弱透水性土壤，主要为黏土等。

由于前期降雨导致的土壤水分变化对径流模拟有很大影响，CN 值需要做相应的校正，故引入了前期降水指数（Antecedent Moisture Condition，AMC），其计算公式为：

$$AMC = \sum_{i=1}^{5} P_i \qquad (5\text{-}10)$$

式中：P_i 为最近 5 d 的降水量，mm；根据前期降水指数 AMC，土壤前期降水水分条件划分为 A（干燥）、B（中等）、C（湿润）3 种类型，如表 5-2 所示。

表 5-2 土壤前期降水水分条件分类

AMC	5 d 临前降水/mm	
	作物休眠期（定义为 10 月 15 日开始）	作物生长期（定义为 4 月 15 日开始）
I	<13	<36
II	13~28	36~53
III	>28	>53

前期干旱和湿润的条件下的 CN 可按下式修正（CN_2 可查表得到）：

AMC I（土壤干）：$CN_1 = 4.2CN_2/(10-0.058CN_2)$

AMCIII（土壤湿）：$CN_3 = 23CN_2/(10+0.13CN_2)$

④蒸发计算。模型采用了 Penman 方程计算潜在蒸发量：

$$E_0 = \frac{\delta}{\delta+\gamma} \times \frac{n_0 - G}{HV} + \frac{\gamma}{\delta+\gamma} \times f(V) \times (e_a - e_d) \qquad (5\text{-}11)$$

式中 E_0——潜在蒸发量，mm；

δ——饱和蒸汽压曲线的斜率，kPa/C；

γ——干湿计常数，kPa/C；

n_0——净辐射，MJ/m^2；

G——土壤热通量，MJ/m^2；

HV——潜在蒸发热，MJ/kg；

$f(V)$——风速的函数，m/s；

e_a——平均气温下的饱和蒸汽压，kPa；

e_d——平均气温下的蒸汽压，kPa。

⑤汇流时间和水位曲线。AnnAGNPS 模型采用修正的 TR55 计算各分室的汇流时间（cell time of concentration，Tc）。分室汇流时间是指径流从分室内最远的地方（水文意义）流到分室出口所需的时间。降雨到达地表后，除去入渗截留部分，首先在地表形成不连续的片状薄层流（overland flow），片状薄层流在向较低部位汇聚过程中，水流不断增加而形成连续的浅层流（shallow concentrated flow），浅层流进一步汇聚则形成集中的股流、沟道流（concentrated flow）等。

（2）土壤侵蚀子模型

模型中地表泥沙侵蚀量（overland erosion）的计算采用了校正的通用土壤流失方程，并在流域尺度做了校正。

$$E = \text{EI} \times K_S \times L_f \times S_f \times C_f \times P_f \times \text{SSF} \tag{5-12}$$

式中　E——年侵蚀量；

$\quad\quad$ EI——降雨-径流侵蚀系数；

$\quad\quad$ K_S——土壤可蚀性参数；

$\quad\quad$ L_f——坡长因子；

$\quad\quad$ S_f——坡度因子；

$\quad\quad$ C_f——作物管理因子；

$\quad\quad$ P_f——耕作管理因子；

$\quad\quad$ SSF——坡型调节因子。

模型对沟蚀量（gully erosion）采用了地表径流量估算，河床的剥蚀量（bank erosion）则由泥沙迁移能力估算。泥沙计算分为 5 个颗粒等级，黏粒（day）、粉沙（silt）、沙粒（sand）、小团粒（small aggregates）和大团粒（large aggregates）。泥沙进入集水区后，通常需要经历 3 个过程，即泥沙的沉降、冲刷和运输。如果进入泥沙的量大于集水区的输送能力，便产生了泥沙沉积。泥沙的迁移采用了 Bagnold 指数方程，分别计算基流和紊流下的泥沙量，输出结果按 3 种来源（sheet & rill，gully，and bed&bank）分 5 级输出。

（3）污染质迁移子模型

模型逐日计算各单元内氮、磷和有机碳的养分平衡，包括作物对氮磷的吸收、施肥、残留的降解和氮磷的迁移等。氮磷和有机碳的输出按可溶态和颗粒吸附态分别计算，并采用了一级动力学方程计算平衡浓度。作物对可溶态养分的吸收计算，则采用了简单的作物生长阶段指数。AnnAGNPS 模型采用与 CREAMS 模型相同的公式来计算碳、氮、磷三种营养物值的颗粒吸附态和溶解态浓度。

5.4.3　AnnAGNPS 模型的输入参数

AnnAGNPS 的运算需要两个必须的输入文件，即 AnnAGNPS input file 和 Climate input file。AnnAGNPS input file 包含 8 大类 31 小类数据，约 500 个参数（其中有 33 个参数尚未使用，是为模型新版本的开发而准备的）。所有的参数统一由 AnnAGNPS 数据准备模型（Input Edit）管理，保存在 AnnAGNPS 数据文件中。对于不同的流域，并不是所有参数都是必需的，如牲畜、点源、灌溉、施肥和杀虫剂参数等；对部分参数，模型也提供了典型值或默认值。Climate input file

包含逐日最高气温、最低气温、露点温度、降雨量、风速和云层覆盖率5个参数。

在这些输入数据中，与土壤侵蚀额养分流失关系密切的有：模拟时期数据（Simulation Period Data）、分室数据（Cell Data）、地块数据（Field Data）、作物数据（Crop Data）、水流经过数据（Reach Data）、土壤数据（Soil Data）和施肥数据（Fertilizer Application Data）。

（1）模拟时期数据（Simulation Period Data）

包括基本的气象要素，模拟起止时间，初始状态等。其中最重要的是降雨分布类型、十年一遇的降雨侵蚀力（10 yr-EI）、降雨侵蚀百分比（EI Number）、DefaultReach Geometry 和 CN。

除了年际变化和年内变化外，自然降雨在一天内或一场降雨过程中其强度的变化也很大，一天内或一场降雨过程中的高强度降雨时段直接影响小流域径流峰值的大小和持续时间，由于每场降雨的持续时间、强度都不同，美国土壤保持局将降雨分布分为4种类型，代表不同的降雨分布，AnnAGNPS模型研究者又增加了几种新的类型。通过对研究区两年一遇的降雨量的时间分布与几种标准类型进行比较选取适当的类型。

（2）分室数据（Cell Data）

包括与分室有关的各种参数共22项：分室编号、土壤代号、地块代号、沟边代号、水流进入沟道的位置、分室面积、坡度、平均高程、坡向和汇流时间或者可由流网生成模块（Flownet Generator）产生的文件 AnnAGNPS_Cell.dat 直接导入。

（3）地块数据（Field Data）

包括地块编号、土地利用类型、岩石漏露率、管理代码、相对轮作年份、P因子、侵蚀类型等12项参数。

（4）作物数据（Crop Data）

包括产量、不同生长期的养分吸收、需水量、根的生物量、覆盖度、冠层高度等。

（5）水流经过数据（Reach Data）

包括沟道比降、下一级沟道代码、末端海拔高度、底宽、顶宽、沟道长度、汇水区面积等。数据也可由流网生成模块（Flownet Generator）产生的文件 AnnAGNPS_Reach.dat 直接导入。

（6）土壤数据（Soil Data）

包括土壤类型、土壤结构分类、密度、密封层深度、土壤可侵蚀因子 K、分层厚度及其对应的有机质、氮、磷含量。

（7）施肥数据（Fertilizer Application Data）

包括肥料代码、单位面积使用量、施用深度等参数。

5.5 AnnAGNPS 模型空间数据的处理

引入遥感技术进行非点源污染模型研究主要是基于两个方面的考虑：一方面，具有物理机理的非点源污染数学模型需要大量的空间数据，并且这些空间数据还具有以下特点：

①数据项繁多；②数据收集代价高昂，无实测数据的点和区域普遍存在；③空间属性描述方法形式复杂，有基于点（如气象站点）、线（如河网）、面（如土地利用类型）乃至纵向分层（土壤）等不同类型。

另一方面，遥感技术作为非点源污染数据获取和动态监测的重要手段，具有许多优点：

①可进行大面积同步监测，获取环境信息数据快速准确，并具有综合性和可比性；②利用遥感技术获取非点源污染信息，具有可获取范围大、获取信息手段多、信息量大、获取信息速度快、周期短和获取信息受条件限制少等特点；③遥感的费用投入与所获取的效益，与传统方法相比，可以大大节省人力、物力、财力和时间。

在众多非点源污染影响因子中，土地覆被、植被盖度和土壤侵蚀是 3 个最重要因子，其中土壤侵蚀本身也是一种非点源污染负荷，同时这三个因子也是最适合运用遥感技术进行研究的因子。

美国航天雷达测绘的 SRTM 数据（Shuttle Radar Topography Mission，SRTM），即：航天飞机雷达地形测绘计划。全球主要陆地的高程数据，对于军用和民用而言都有巨大的价值，SRTM 科学数据最终能够实现共享，对"数字化地球"项目的意义非凡，也无疑是普通户外爱好者的福音。SRTM 数据使用的水平基准面是 WGS84 椭球模型，覆盖范围在北纬 60°至南纬 56°，绝对水平和高程精度分别为 20 m 和 16 m。三种分辨率：30，90 和 1 000。

分布式水文模型的建立和运行需要流域的水文特征（如流向、流域边界等）。水文学者利用数字地形分析技术可以从 DEM 中直接提取河网、划分流域界限、提取流域内的地形属性。由 DEM 自动获取水系等流域特征代表着流域参数化方便而迅速的一种途径。

从 DEM 提取河网以及子流域划分主要有 3 种方法，各种方法各有优缺点，其中应用最广的是利用流向信息识别河网。但如果 DEM 中存在大片平地，该算法会产生不连续或平行的河网，从而无法正确提取流域特征。许多研究中应用的

DEM 是由地面测绘方法得到的高程点插值得到。所以往往在相对平坦的地方极易存在高程值相等的大片平地，而遥感方法得到的面源数据由于是以像素单位记录高程则不会出现大片平地的情况。

5.5.1 建立数字高程模型（DEM）

数字高程模型（Digital Elevation Model，DEM）是地理信息系统的基础数据，也是目前用于流域地形分析的主要数据。它是以数字的形式按一定的结构组织在一起，表示实际地形特征空间分布的数字定量模型。目前，DEM 主要有 3 种格式：栅格型、不规则三角网（TIN）和等高线，3 种数据格式在 GIS 软件中可互相转化。其中在 AnnAGNPS 模型用的是栅格 DEM。

目前，DEM 的数据主要来源于地形图、摄影测量、遥感影像数据和地面测量等。本次研究考虑到研究经费限制和已有的资料条件，选用的 SRTM 的 90 m DEM 数据。

SRTM 是由美国航空航天局（NASA）、美国图像测绘局（NIMA）、德国及意大利航天局共同实施的航天飞机雷达地形测量任务，该任务所获取的 SRTM-DEM 是迄今为止人类历史上第一次从地球轨道高度对地球表面进行雷达三维成像所获取的数字高程模型数据。具体过程是 2000 年 2 月美国"奋进"号航天飞机在太空飞行 11 天，采用两台干涉雷达对地面探测了 234 h，经处理得到了全球高精度的 DEM。其水平分辨率将达到 30 m，相对精度为 10 m（某个点相对于其他邻近点）。

数据由搭载于奋进号（Endeavour）航天飞机的 C 波段、X 波段系统雷达干涉拍摄采集，数据的采集范围是南纬 56°到北纬 60°之间的区域，获取数据范围约占陆地总面积的 80%。SRTM-DEM 以分块的栅格像元文件组织数据，每个块文件覆盖经纬方向各 1°，即 1°×1°，像元采样间隔为 1 弧秒（one–arc second）或 3 弧秒（three–arc second）。相应地，SRTM-DEM 采集数据也分为两类，即 SRTM-1 和 SRTM-3。由于在赤道附近 1 弧秒对应的水平距离大约为 30 m，所以上述两类数据通常也被称为 30 m 或 90 m 分辨率高程数据。同时也可以计算，每个 SRTM-1 和 SRTM-3 文件分别是由 1 201 行列和 3 601 行列组成，其中相邻两个文件有一个像元是重合的。另外需要指出的是，除美国以外其他地区，仅有 SRTM-3 数据才对外实现共享。

目前 NASA（National Aeronautics and Space Administration）对外提供美国以外全球大部分地区的最高精度为 3 弧秒（水平精度相当于 90 m）的 DEM 下载，获取渠道见表 5-3。

表 5-3　SRTM 数据获取渠道

版本	SDDS 下载	LPDAAC 下载
版本 1 （Version 1）	—	1 弧秒美国（1"U.S.） 3 弧秒世界（3"world-averaged） 30 弧秒世界（30"world-averaged） 格式:SRTM
版本 2 （Version 2）	1 弧秒美国（1"U.S） 3 弧秒世界（3"world-subsampled） — 格式：Grid，Bil，TIFF，GridFloat	1 弧秒美国（1"U.S.） 3 弧秒世界（3"world-averaged） 30 弧秒时间（30"world-averaged） 格式：SRTM

注：内容来自 NASA 关于 SRTM 信息描述文档。SDDS 下载地址 http://seamless.usgs.gov
　　LPDAAC 下载地址 ttp://eUsrpU1u.ecs.nasa.gov/srtm

　　SRTM DEM 具有两种版本，其中 Version2 data 也被称为 finished 或者 edited data，是 NASA 根据其他辅助数据经过编辑处理后的版本，averaged data 被称为 research data，利用的就是 3 弧秒 averaged data，表中的 subsampled data 被称为 thinned 或者 sampled data，是由 1 弧秒数据重采样得到的。

　　由于 MapGIS 默认 MSI 格式的图片，因此第一步就需要把 TIF 格式的图片转换成 MSI 格式的。对经过转化的图片进行图片投影矫正。由于涉及面积量算，采用高斯克里格投影，坐系为北京 54 坐标系，单位为 m。新建工程，在矫正完的 MSI 格式的图片上进行等高线的矢量化。

　　AnnAGNPS 模型是在 ArcView 软件平台上运行的，不识别 MapGIS 的默认线型格式。要使矢量化的等高线能被 ArcView 利用，需要在 MapGIS 的文件转换模块下，把等高线以 E00 格式输出。E00 格式是 ARCGIS 通用的格式，它可以在 ArcGIS 下转化成 ArcView 和 AnnAGNPS 运行所需的 Shap 格式。

　　在 ArcView 中，通过 TIN 模块把导入的等高线文件拓扑转换成 Grid，再由 Grid 生成 TIN 模型。TIN 模型建立后，采用转换法将 TIN 模型转换为栅格模型，并设定栅格数，这样就建立了 DEM 模型。

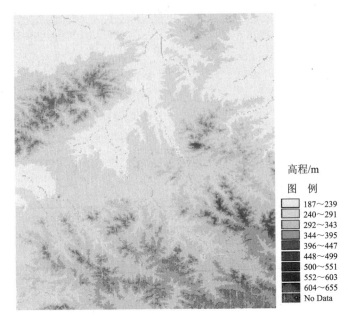

高程/m

图　例

	187～239
	240～291
	292～343
	344～395
	396～447
	448～499
	500～551
	552～603
	604～655
	No Data

图 5-3　研究区域数字高程图（DEM）

5.5.2　建立数字土壤类型图与土地类型图

研究区域土壤源数据来自于吉林省土肥站提供的 1∶25 万数字流域土壤图。AnnAGNPS 模型中需要输入的土壤数据可以分为空间分布数据、土壤物理属性数据和土壤化学属性数据三大类。土壤空间分布数据表示在每一个子流域中不同土壤类型的分布和面积统计，是通过数字土壤图和子流域界限图的空间叠加来实现的，土壤空间分布数据是生成水文土壤组的基础。

土壤物理属性控制着土壤内部水和空气的运动，对每个水文响应单元的水循环过程产生着很大的影响，是模型输入的必要参数。土壤的化学属性主要用来设置土壤中所包含的化学物质的初始含量，在模型输入中作为参数选择。

研究区域土地利用数据来自长春市土地资源局 2000 年 1∶5 万土地利用图，由于 AnnAGNPS 模型的 ArcView 系统紧密结合，汇水区土地利用信息的组织需要依靠矢量图层的形式组织并通过 Shape 图层文件的形式导入模型。

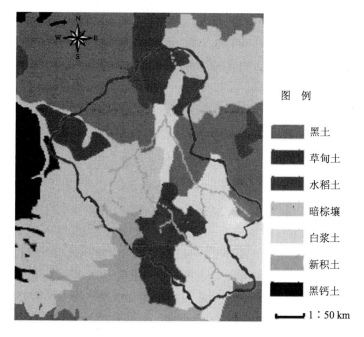

图例

黑土
草甸土
水稻土
暗棕壤
白浆土
新积土
黑钙土

1：50 km

图 5-4   研究区域数字土壤图

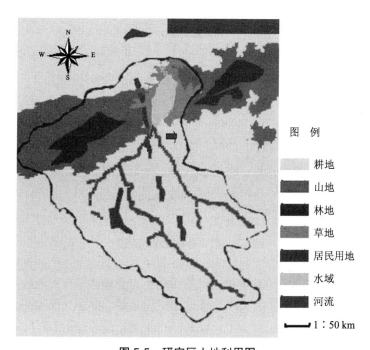

图例

耕地
山地
林地
草地
居民用地
水域
河流

1：50 km

图 5-5   研究区土地利用图

5.5.3 地理信息提取

自然状态的流域特征是非常复杂的，流域内部各地理要素和地理过程存在着较大的时空变异，如何对这种时空变异进行描述和体现，研究人员已经做了大量的工作。在流域建模模拟研究中，比较常用的方法，就是所谓"分布式"流域建模方法。将整个流域离散（或划分）成较小的空间单元，模型在每一个空间单元上运行，在一定的离散尺度下，可以认为在每一个空间单元内部，各影响因子的属性是相对均一的，具有相似的地理过程响应。

AnnAGNPS 模型运行地形参数模块（TOPAGNPS）中数字高程流域水系模型（Digital Elevation Drainage Network Model，DEDNM）。由栅格型 DEM 自动划分汇水单元（cell），勾画地表排水沟道（reach），生成集水单元文件 AnnAGNPS_cell.dat 和沟道（reach）参数文件 AnnAGNPS_reach.dat，分别包括各集水单元和沟道的面积、高程、坡度、坡长等参数。数字高程流域水系模型（DEDNM）是一种数字河网模型，DEDNM 具有模块化的结构，它包含许多子程序，每一子程序都完成一种算法。

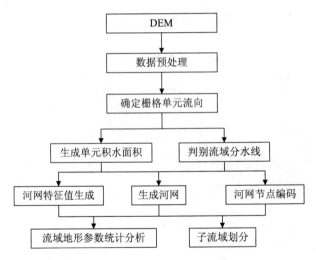

图 5-6　数字高程处理流程图

集水单元 Cell 是研究的基本单元，其科学性和合理性直接影响流域的各项模拟结果的准确性。其离散化的大小是依据定义的临界源面积（the Critical Source Area，CSA）和最小初始沟导长度（the Minimum Channel Length，MSCL）。CSA和 MSCL 的确定，主要依据研究区的地形和土地覆被的特点来确定，尽可能使所划分的单元具有相同的地形、土地覆被等特征，反映实际的地表状况，从而保证模拟的精度。

5.6 AnnAGNPS 模型输入参数的确定

5.6.1 土壤参数的确定

模型需要的土壤参数较多，包括土壤类型、水文土壤组、反射率、不透水层深度、密度、孔隙度、分层厚度及其对应的质地分级、饱和导水率、田间系数、凋萎系数、pH 值、有机质率、有机氮率、无机氮率、有机磷率、无机磷率和结构代码。这些参数主要通过两种途径获得，根据小流域类型查阅吉林省土壤调查统计资料，获得相应的土壤参数；其他数据由于我国在土壤普查或所研究区域主要没有相关数据可查，故依据模型中的默认值。

根据吉林省土肥站提供的相关数据以及《吉林省土壤志》，研究区域内主要土壤为暗棕壤、黑土、新积土、白浆土、草甸土和黑钙土，其各自的养分含量百分比详见表 5-4。

表 5-4　新立城水库汇水区流域土壤养分含量

类型	有机质	总氮	总磷
暗棕壤	2.00	0.108	0.069
白浆土	3.45	0.196	0.052
黑土	2.81	0.126	0.056
草甸土	2.01	0.112	0.038
水稻土	3.03	0.148	0.064

5.6.2 主要作物的确定

流域内土地利用类型较多，有耕地、水体、居民居住点、林地、草地、山地等不同类型，但耕地所占百分比最大。主要粮食作物为水稻和玉米，均为一年一熟，同时区内零散分布的小面积蔬菜田以及农户散养的家禽等。为了便于研究，该研究把汇水区的作物概化为两种：水稻和玉米。新立城水库库区区内水稻产量平均为 7 237 kg/hm²、玉米产量为 6 489 kg/hm²。玉米和水稻生长分四个时期：分蘖期、拔节期、齐穗期、成熟期，各时期的氮、磷吸收系数如表 5-5所示。

表 5-5　研究区主要农作物氮磷吸收系数表　　　　　　单位：%

项目		分蘖期	拔节期	齐穗期	成熟期
占生长期的比例	玉米	20	42	15	23
	水稻	23	10	12	55
N 吸收系数	玉米	23	30	20	27
	水稻	39	35	11	15
P 吸收系数	玉米	19	35	16	29
	水稻	19	36	17	28

注：其他关于水稻和玉米的各项参数均参考 AnnAGNPS 自带的作物参考资料获得。

5.6.3　化肥农药参数的确定

我国农村中使用的化肥主要有两种：尿素和碳铵。各占化肥施用量的 38.6%和 55%。根据统计年鉴和化肥使用数据。2007 年，吉林省统计数据显示吉林省农作物播种总面积为 495.4 万 hm^2，化肥施用量为 331.9 万 t，化肥施用强度为 6 700 t/万 hm^2。

5.6.4　气象参数的确定

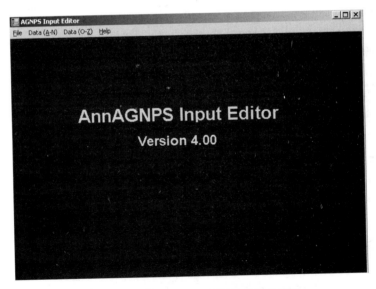

图 5-7　编辑与输入气象数据等参数的模块

5.6.5　其他主要参数

降雨侵蚀力因子 R，反映由降雨引起土壤侵蚀的潜力。R 因子的经典算法是采用 Wischmeie 提出的以次降雨总动能 E 与 30 min 最大雨强 I_{30} 的乘积 EI_{30} 作为衡量次降雨侵蚀能力大小的指标。用月雨量与年雨量模比系数（P_i^2/P）估计年 R 值：

$$R = \sum_{i=1}^{12} 1.735 \times 10^{[1.5\log(P_i^2/P)-0.818\,8]}$$

式中　P——年降雨总量，mm；

P_i——1—12 月各月月平均降雨量，mm；

R——美制转换为公制单位，MJ·mm/（hm²·h·a）。

由于采用降雨侵蚀力指标计算侵蚀力的方法以次降雨过程资料为基础，而在许多国家和地区很难获得该类型资料，且资料的整理计算十分烦琐。许多学者就利用气象常规监测资料计算 R 值进行了不同研究区域。新立城水库库区各月与平均降雨量如图 5-8 所示。

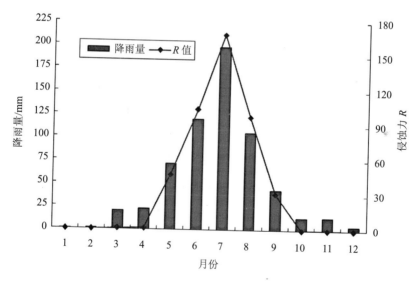

图 5-8　新立城流域降雨量侵蚀力年内分布图

土壤可蚀性因子 K（soil erosibility），是一项评价土壤被降雨侵蚀力分离、冲蚀和搬运难易程度的指标。在其他影响因素不变时，K 因子反映不同类型土壤抵抗侵蚀能力的高低。其主要受土壤物理性质的影响，比如与土壤的机械组成、有机质含量、土壤结构、土壤渗透性等有关。一般情况下，土壤颗粒越粗，其渗透性也越大，同时 K 值就低；相反，土壤的颗粒越细，其渗透性就越小，K 值则高。其经典算法需要土壤结构系数和渗透级别资料。

采用 Williams 等在 EPIC 模型中发展了土壤侵蚀性因子 K 值的估算方法，只需要土壤的有机碳和颗粒组成资料即可，计算公式如下：

$$K = \left\{ 0.2 + 0.3 \exp\left[-0.256 S_n \left(1 - \frac{S_i}{100} \right) \right] \right\} \left(\frac{S_i}{C_i + S_i} \right)^{0.3} \times$$

$$\left[1 - \frac{0.25C}{C + \exp(3.72 - 2.95C)} \right] \times \left[1 - \frac{0.7 S_n}{S_n + \exp(-5.51 + 22.9 S_n)} \right]$$

$$S_n = (1 - S_a)/100$$

式中　S_a——砂粒含量，%；

S_i——粉砂粒含量，%；

C_i——黏粒含量，%；

C——有机碳含量，%。

研究区域各类型土壤的可蚀性因子 K 值，如表 5-6 所示。

表 5-6　研究区域流域内各类土壤 K 值

土壤名称	K 值
黑土	0.307
暗棕壤	0.274
草甸土	0.211
新积土	0.252
水稻土	0.310

5.7　模拟结果输出

数学模型只是对真实世界所作的粗略模拟，模型的准确性和可靠性是有限的。模型模拟精确度最高的是模拟小区域不透水的集水面上径流的水文模型，误差在百分之几左右；可靠性最差的是模拟大流域的水质模型，误差可能达到一个数据量级甚至更大。

根据非点源污染产出的特点，首先需要指定的是水文部分，然后是泥沙，最后才是污染物的迁移。在水文部分或者侵蚀部分出现的误差，会转移并且扩大到其他有关部分。所以可能的误差从水量、泥沙到非点源污染物逐渐增加。从总体上来看 AnnAGNPS 模型对地表径流、泥沙侵蚀和总氮营养盐流失的模拟精度由高到低为：地表径流>泥沙模拟>氮输出。模型的水文模块模拟精度较高，对总氮输出的模拟情况较差。这与以上结论及 Novotny 对众多非点源污染模型的评估结果一致。

AnnAGNPS 模拟对流域年降雨量的多少反应敏感，表现出地表径流、泥沙输出在丰水年的模拟精度明显高于枯水年。且总体上，AnnAGNPS 模型对 30～80 mm 的降雨事件，模拟效果较好，对于降雨量较小和极端降雨事件模拟效果不理想。在时间尺度上，地表径流模拟精度表现出，年输出>月输出>日输出。说明 AnnAGNPS 模型适用于流域面源输出长期评价。在总氮输出方面表现出较小尺度流域模拟精度较高的特点。

该研究属于较大流域进行非点源污染的模拟计算的工作。由于基础数据的误差及模型本身的局限性，模型的计算结果与实际情况会有一定的偏差。用 AnnAGNPS 模型模拟 2008 年新立城水库流域内总氮、总磷和泥沙量负荷，模拟结果是：在研究期间的 2008 年 1—12 月，共产生总氮 355.75 t，总磷 75.24 t，泥沙量 47.32 t，详细结果如表 5-7 所示。

表 5-7　研究区域氮、磷等污染物输出量

输出	模拟输出量/t
总氮	355.75
总磷	75.24
泥沙量	47 596.32

结合调查和模拟分析知道，非点源产生的泥沙、总氮和总磷负荷空间分布比较近似，主要有以下几个特点：

①污染物的输出以较大几率出现在坡度较大的区域。这一方面表明地形影响非点源污染物的流失，在其他条件相同时，坡度较大的区域产生污染物负荷比较大；另一方面表明，区内泥沙侵蚀与总氮、总磷负荷的产密切相关，被侵蚀的泥沙成为总氮和总磷污染物流失的重要载体，当降雨产生径流时，氮、磷等营养物质与泥沙一起进行迁移。②氮磷污染负荷的分布和化肥的使用量及施用方式密切相关。③污染负荷的分布和自然环境密切相关。

5.8　研究区农业非点源污染负荷分析

根据研究区域新立城水库流域的 AnnAGNPS 模型输出结果，结合该区域的年内平均降雨量绘制总氮、总磷以及泥沙输出量的时间分布图。

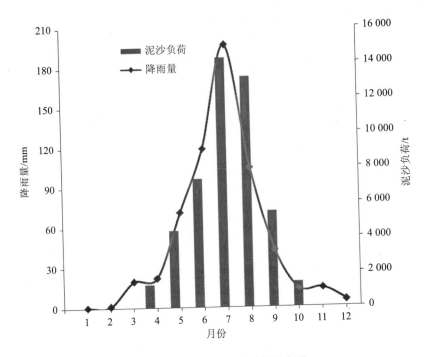

图 5-9　年内泥沙负荷时间分布图

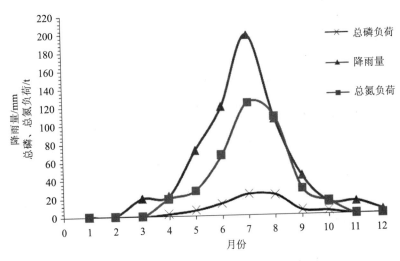

图 5-10　年内总磷、总氮负荷时间分布图

从以上的非点源污染物时间分布图可以看出，总体来说污染质负荷与降水量呈正相关。在模拟期内，污染质负荷的时间分布有以下几个特点：

（1）泥沙、总氮和总磷污染负荷主要集中在 6 月、7 月和 8 月（泥沙负荷占全年的 74%，总氮和总磷占全年的近 80%）。因为在模拟期内，这三个月不但是农业耕作和施肥的主要时期，化肥等污染源在田间土壤中大量存在；而且也是降雨主要集中的月份，由水所产生的地表径流成为污染质运移的主要驱动力，因此成为汇水区内污染负荷的主要形成时段。

（2）泥沙、总氮和总磷污染负荷的高峰同时出现在 7 月份，原因有三个：

①东北地区，尤其是吉林省主要作物的种植期总是在每年的 5 月，在农作物种植过程中为保证后期作物丰收要施用大量的底肥（磷酸二铵等）。同时，2008 年 5 月平均降水量为 71.5 mm，高于历年同期平均降水量（历年平均同期降雨量为 51.7 mm）。由此造成区内大范围土壤水分含量相对较低的现象，但随后的 6 月份降雨量的进一步增加，导致土壤含水量饱和，墒情增大但未能形成地表径流，所施用底肥中的氮磷并未在 6 月份里产生大量运移。

②农作物在种植过程中，其在不同阶段要追加不同的肥料。吉林省在每年的 7 月份是水稻、玉米、大豆等主要作物的重要追施肥时期，同 6 月份相比，2008 年 7 月的降雨量明显增大，单次降雨强度强也在增大，因此在前期土壤水分含量基本饱和的情况下，7 月的降雨量进一步促使研究区土壤水分含量饱和，并且趋于形成地表形成径流，使该月成为模拟期内污染质运移的高峰期。

③8 月份虽然降雨量和降雨强度均较大，但是由于 8 月份已经不再施肥，同时各种作物都处在成熟期内，地表植物覆盖度和根系的抓土情况较好，因此 8 月份比 7 月份的污染负荷小。从以上的非点源污染物时间分布图可以看出，非点源污染与降水量密切相关。总氮、总磷污染负荷高峰期在夏季（7—8 月），其负荷总量占全年总量的 80%以上。主要原因是，4 月份农田开始施底肥，化肥、农药都直接放于地表并累积，至 7—8 月降雨较多，而且 7 月份是主要的施肥期。遇有降雨，便造成大量的氮、磷素流失。泥沙污染负荷主要集中在 6—8 月，整体分布和降水量分布相一致。反映降水是泥沙侵蚀产生和运移的主要驱动力。总之，农田非点污染负荷不仅与降雨量密切相关，也与施肥、地表状况及耕作条件密切相关。

5.9 小结

本章首先阐述了农业非点源污染的形成机理，笔者将农业非点源污染的形成概括为四个主要过程：降雨径流过程、土壤侵蚀过程、地表土壤溶质溶出过程和地表土壤溶质渗漏过程；其次，对吉林省新立城水库的流域位置及地形地貌、土壤植被、气候特征等自然属性以及社会概况、农业施肥概况等社会属性进行了简

要概述，并对库区非点源污染现状及成因进行了简要说明；再次，在对 AnnAGNPS
模型结构原理、输入参数的确定以及空间数据的处理简要概述基础上，进行了
AnnAGNPS 模型计算；最后，根据新立城水库流域的 AnnAGNPS 模型输出结果，
结合该区域的年内平均降雨量，绘制总氮、总磷以及泥沙输出量的时间分布图，
根据分布图证明污染质负荷与降水量呈正相关。

新立城水库农业非点源污染系统动态模拟研究

6.1　系统动力学的理论与方法

6.1.1　系统动力学的形成与发展

第二次世界大战以后，随着工业化的进程加快，某些国家的社会问题日趋严重，例如城市人口剧增、失业、环境污染、资源枯竭。这些问题范围广泛，关系复杂，因素众多，具有如下三个特点：①各问题之间有密切的关联，而且往往存在矛盾的关系，例如经济增长与环境保护等。②许多问题如投资效果、环境污染、信息传递等有较长的延迟，因此处理问题必须从动态而不是静态的角度出发。③许多问题中既存在如经济量那样的定量的东西，又存在如价值观念等偏于定性的东西。这就给问题的处理带来很大的困难。新的问题迫切需要有新的方法来处理；在这样的背景下，20 世纪 50 年代中期美国麻省理工学院福雷斯特教授（Jay.Forrester）创立了系统动力学。系统动力学（System Dynamics，SD）是一门分析研究信息反馈系统的学科。也是一门认识系统问题和解决系统问题交叉的、综合性的新学科。它是系统科学的一个分支，也是一门沟通自然科学和社会科学等领域的横向学科。

在中国，系统动力学研究起步于 80 年代初，发展迅速。出版了一批系统动力学的书籍与译作，并发表了一大批系统动力学论文。目前，已建立起一批地区级系统动力学模型，取得了初步成功。系统动力学在国内的应用已深入到人口、社会、经济、环境、生物等各领域，正逐步追赶国际先进水平。随着研究学者水平和知识技能的不断改进，必将带来系统动力学的广泛普及与应用，系统动学的预测技术和"政策实验室"的功能也必将得到发挥。

6.1.2　系统动力学中的重要概念

（1）系统及其边界

系统是由相互作用和相互依赖的若干组成部分结合而成的具有特定功能的有机总体。系统是一个相对的概念，系统本身又可以是它所从属的一个更大系统的组成部分。因此，一个特定的系统不可能包罗万象，总要划出一定的系统边界。在处理系统问题时，要注意系统边界的正确划分这是一个相当重要的问题，处理不当会给问题的研究带来先天性缺陷。

（2）动态与静态

所谓动态现象就是指能产生时变曲线的现象，这条曲线在某一时刻的特征是与它在其他时刻的特征相联系的。严格地说，我们周围世界中的一切系统都随时间在演变，似乎都可以称为动态系统。但是在某些具体问题中这种演变非常慢以致与所考虑的时间界限相比可以略去不计时，这些问题就可以作为静态问题处理。在建立模型之前首先应当考虑问题的性质是静态的还是动态的，如果是动态的就应采用适合于描述动态系统的数学模型，如微分方程或是差分方程等；如果是静态的就应采取适合于描述静态系统的数学模型，如代数方程等。动态系统的数学描述常被称为动力学方程。使用微分方程还是差分方程来描述动态系统，取决于是以连续时间还是离散时间来观察系统行为。系统动力学方法研究的是动态系统的问题。系统动力学模型本质上是一阶微分方程组。在形式上它是将流率变量与其当时的流位变量值联系起来。

（3）信息与反馈

系统动力学把世界上系统的运动假想成流体的运动。信息固然寄生在能量与物质之上方能具体存在，但信息与物质有着很大的区别，其中最主要的就是物质是守恒的，而信息是不守恒的。系统中有不停的物质流，它们分属于不同的守恒子系统。这些子系统是相互作用、相互依赖的。这种相互作用、相互依赖的媒介就是信息。在系统动力学中，信息流有时指传输中的信息，有时则是指系统中不同元素之间的相互作用、依赖或影响。系统动力学认为系统流位完全描述了系统状态。信息与反馈是密切相关的。系统可分为开环系统和反馈系统两种。开环系统的输出和输入仅有响应，但没有影响。开环系统中，过去的行为不会影响未来的行为。但是反馈系统则不然，它要受到系统过去行为的反馈影响。社会经济系统都是信息反馈系统。在一个信息反馈系统中，信息取自系统状态，它是做出决策的依据，通过决策控制物流以改变系统状态，这叫做行动。这个状态又影响到未来的决策，如此周而复始。

（4）线性与非线性

实际系统可能是线性的也可能是非线性的，因而模型也相应有线性和非线性之分。线性模型对外部输入所产生的输出符合叠加原理，即线性模型对几个扰动总和的响应正好等于它对各个扰动分别响应的和。另一方面，非线性对系统行为有重大的影响。非线性对求取数学模型的解析带来很大困难，但是，如果是通过仿真求取其数值解，那么我们大可不必将非线性系统线性化，以致使非线性系统固有的重要特性丢失殆尽。

（5）稳态与瞬态

动态系统若最终进入稳态阶段，则在这之前总有一个瞬态阶段。瞬态阶段也称过渡过程。系统在过渡中表现出的行为是一个瞬时现象，不能重复。系统进入稳态后，则其行为或恒为常值或随着时间的变化呈现出某种重复性。对一个动态系统长过程的研究，既要注意稳态分析又要注意瞬态分析，两者不可偏废。

6.1.3　反馈系统与反馈回路

"反馈"是指"系统内同一单元或同一子块其输出与输入之间的关系"，即系统内某一单元的输出量在经过多次转换以后又回授给该单元的后面时期的输入量上的关系。用因果图表示，一个"反馈"所涉及的所有的连接，最后总会形成一个如图 6-1 所示的围绕该单元的"闭合环"，称为"反馈环"或"反馈回路"、"因果回路"等。所谓反馈系统就是相互联结与作用的一组回路；或者说反馈系统就是闭环系统。单回路的系统就是简单系统，具有三个以上回路的系统就是复杂系统。按照反馈过程的特点，反馈可以自然地划分为正反馈和负反馈两种。具有正反馈特点的回路称为正反馈回路，具有负反馈特点的回路则称为负反馈回路（或称为寻的回路）。

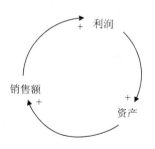

图 6-1　系统的反馈回路

（1）正反馈系统

正反馈系统就是正反馈起主导作用的系统。正反馈回路的特点是，能产生自身的加强过程，在此过程中运动或动作所引起的后果将回授，使原来的趋势得到加强。发生于其回路中任何一处的初始值偏离与动作循回路一周将获得增大与加强。正反馈回路可具有诸如非稳定的、非平衡的、增长的和自加强的多种特性。图 6-2 工资—物价回路粗略地表明了人们（特别是西方国家）所熟知的工资与物价相互影响与基本关系。当物价开始增长时，人们逐渐感到实际生活水平的降低，就加强了对增加工资的要求；随之工资的普遍提高，产品的成本也增加了，生产产品的厂家与企业为了保证谋取足够的利润并弥补多付出的工资，转而提高物价，于是形成正反馈的增长过程。正反馈回路的基本动态特征如图 6-3 所示。在正反馈回路中各元件的初始变化将反复不断地得到加强，从而使得系统呈现出迅速增长或者急剧减少的特征。

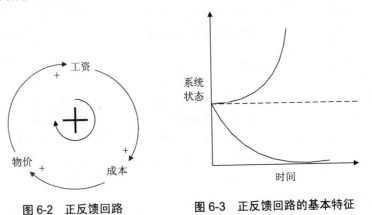

图 6-2　正反馈回路　　　　　图 6-3　正反馈回路的基本特征

（2）负反馈系统

系统负反馈回路，如图 6-4 所示。负反馈的特点是：能自动寻求给定的目标，未达到（或者未趋近）目标时将不断做出响应，力图缩小系统状态相对于目标状态的偏离，从而使得系统的状态总是围绕着某个目标值运动，保持系统的稳定，如图 6-5 所示。因此，负反馈回路又被称为"调节回路"或"稳定回路"。

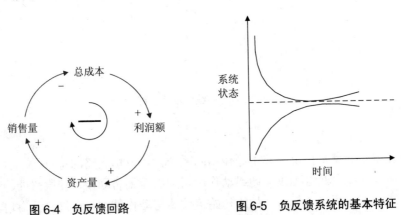

图 6-4　负反馈回路　　　　　图 6-5　负反馈系统的基本特征

真实系统的系统结构图由很多相互联系的反馈回路构成。但是，无论一个系统有多么复杂，最终形成的结构图有多么繁复，组成它的基本构造块只有上述两种基本回路：增强回路或者调节回路。系统的整体动态行为特征也是由这两类基本回路的动态行为组合而成的。

在系统发展的不同阶段，系统内部起主导作用的回路是不同的。当正反馈回路起主导作用时，系统的行为将呈现出正反馈回路的行为特征，从而表现出不断增长或减弱的行为特点。当负反馈起主导作用时，系统的行为将呈现出负反馈回路的行为特征，从而表现出诸如增长减慢、波动等稳定在某一个固定值周围的行为特点。因此，当系统表现出不断增长或不断衰退的态势时，可以判断其内部存在增强回路，并正在起主导作用；而系统表现出增长乏力，难以改变现状等态势时，可以判断其内部的负反馈回路正在起主导作用。在系统发展过程中，起主导作用的主导回路会不断发生转移，时而正反馈起主导作用，时而负反馈起主导作用。正是由于系统内部主导回路的转移，使得系统在发展过程中，呈现出十分复杂的动态行为特征。事实证明，由若干回路组成的反馈系统，即使诸单独回路所隐含的动态特性均简单明了，但是其整体特性的分析却往往使直观形象解释与分析方法束手无策。因此，反馈结构复杂的实际系统与问题，其随时间变化的特性与其内部结构的关系的分析不得不求助于定量模型和计算机模拟技术。

6.1.4　系统动力学的模型结构

系统动力学模型一般分成两部分：良性结构与非良性结构子系统。良性结构子系统由一个或若干个一阶反馈回路组成，良性结构系统中的全部回路都可以用微分方程和其他数学函数精确地加以描述。那些因其机理尚不太清楚，难以用明显的数学描述表述出来的系统被称为非良性结构，非良性结构部分只能用半定量、半定性或定性的方法来处理。系统动力学工作者在过去几十年中，为此孜孜以求作出了一定的贡献，他们在对社会经济系统逐步深化的研究中，把部分不良结构相对地"良化"；用近似的良结构代替不良结构；或定性与定量结合把一部分定性问题定量化；尚无法定量化与半定量化的部分则以定性的方法出来。

6.1.5　系统动力学的应用流程

下面简要地介绍系统动力学研究解决问题的步骤，如图 6-6 所示。

（1）系统分析。系统分析是用系统动力学解决问题的第一步，其主要任务在于分析问题剖析要因。

（2）系统的结构分析。这一步主要任务在于处理系统信息，分析系统的反馈机制。

（3）建立数学的规范模型。

（4）模型模拟与政策分析。

（5）模型的检验与评估。

这一步骤的内容并不是都放在最后一起来做的，其中相当一部分内容是在上述其他步骤中分散进行的。

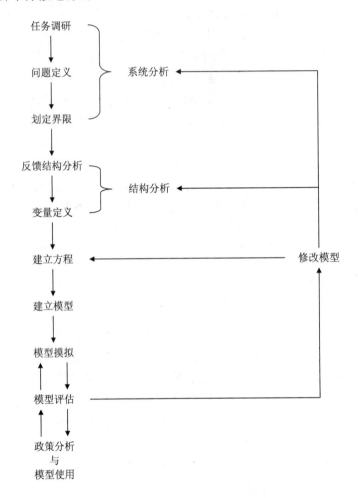

图 6-6　系统动力学的应用流程

6.1.6　构建农业非点源污染控制政策效应评价模型的可行性

前文中介绍了系统动力学的基本概念和原理，本章使用系统动力学方法，建立农业非点源污染控制政策效应评价模型，主要是因为农业非点源污染控制政策效应评价系统具有以下特点。

①农业非点源污染控制政策效应评价系统是一个非线性系统。在农业非点源污染子系统中，影响新立城水库农业非点源污染的因素有：氮磷污染排放量和农药使用量，其中化肥施用量是影响氮磷污染排放量的主要因素。在控制政策效应评价子系统中，模型中选用经济效应、环境效应以及非点源污染控制政策对人体健康影响程度等指标对农业非点源污染控制政策进行评价。这些因素之间的关系是明显的非线性关系，因此限制了一般数学定量方法对该关系的研究。

②农业非点源污染控制政策效应评价系统是一个因果系统。在农业非点源污染子系统中，由于农药、化肥的过量施用导致了氮磷元素大量排放进新立城水库，从而导致农业非点源污染加重。如果没有氮磷元素排放的增加，就没有农业非点源污染量的波动。尽管这种因果关系由于农业非点源污染迁移过程时间较长，在时间上缺乏连续性，但整个系统的因果关系是明确的。

③农业非点源污染控制政策效应评价系统是一个多重反馈系统。考察该系统中的主要回路可以看出，评价控制政策效应的变量中经过一系列反馈综合作用后重新使变量本身得到加强或减弱。

6.2 农业非点源污染系统动力学模型的设计

6.2.1 建模思想和基本假设

农业非点源污染控制政策效应评价系统是一个高阶、非线性的复杂的社会经济系统。建立农业非点源污染控制政策效应评价系统的动力学模型，除了涉及建模理论和技术，我们必须清楚农业非点源污染控制政策的目标和评价方法。本章使用系统动力学的 Vensim-PLE 软件进行模型动态模拟，模型运行时间为2000—2015 年，步长为 1 年。文中的数据主要来源于《吉林省环境统计年鉴》以及相关的政府权威网站，并通过实地调研获得相关的资料。本章应用系统动力学方法，通过建模主要解决以下两个问题。

①通过查阅相关文献了解吉林省新立城水库流域农业非点源污染控制政策实施现状，并查阅国内外研究文献了解应用系统动力学研究相关问题的思路和方法。本章中建立的吉林省新立城水库流域农业非点源污染控制政策效应系统动力学评价模型，通过在农业非点源污染控制政策实施后对经济环境、生态环境以及居民健康的影响，评价农业非点源污染控制政策在该地区的实施效率。

②对农业非点源污染年排放总量、农业非点源污染控制政策效应对居民健康影响程度、农业非点源污染控制政策效应的经济效应以及农业非点源污染控制政

策的环境效应等的动态模拟结果进行分析，并且提出控制该地区农业非点源污染排放总量、提高农业非点源污染控制政策效应的政策建议。

吉林省新立城水库农业非点源污染控制政策效应评价模型的假设前提：

①政策效应。政策效应一般是指国家宏观政策的实施，对社会经济生活等各个领域产生的有效作用。在本章中，农业非点源污染控制政策效应是指政府在新立城水库流域地区实施农业非点源污染控制政策的过程中，对该地区提高人民身体健康水平、繁荣社会经济以及优化该地区自然生态环境的影响程度。在模型设计的衡量指标分别为农业非点源污染控制政策对人体健康的影响程度、农业非点源污染控制政策的经济效应以及农业非点源污染控制政策环境效应变量。

②政策效率。农业非点源污染控制政策效率是用来评价农业非点源污染控制政策效应的子系统，它主要是衡量该地区农业非点源污染控制政策自身的效率，模型中设置了政策弹性、市场诱导程度、监督有效程度、环保型农药、化肥使用程度这四个指标反映农业非点源污染控制政策效率。

③模型假设新立城水库流域农业非点源污染排放总量目标已经确定。因此可以较为直观地衡量该地区农业非点源污染控制政策的有效性。

6.2.2 系统边界及因果关系图

农业非点源污染控制政策效应评价系统是一个复杂、庞大的系统，它与农户行为、政府制定的政策以及政策实施现状有着直接的联系。从我们所要研究的新立城水库流域地区农业非点源污染控制政策效应出发，并根据该地区农业非点源污染控制政策实施现状，确定出以下几个因素为系统的边界（图6-7）。我们所要研究的农业非点源污染的众多影响因素中，对新立城水库流域影响较大的是农药、化肥的过量施用。因此，模型中选择这两个变量为影响农业非点源污染排放的直接因素。其他因素对农业非点源污染虽然也有影响，但针对该地区的农业非点源污染的特点及模型研究的需要，将这些因素排除在外。同时，我们不能期望系统动力学模型运行的结果和实际能完全一致。虽然我们采用历史数据对新立城水库流域农业非点源污染状况进行动态模拟，但是，由于现实系统十分复杂，根据研究的需要，笔者对一些因素进行了取舍。所以，模型运行的结果能正确反映现实系统的行为趋势，达到相近而不是一致。

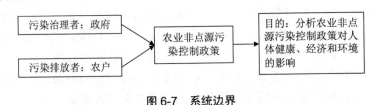

图6-7 系统边界

前文中已经对农业非点源污染控制政策效应评价系统动力模型的建模目的和过程进行了详尽的叙述,这里不再赘述。下面利用 Vensim PLE 软件分别绘制了模型的因果关系图和结构流图,以便更加明确地给出模型中涉及的各种变量之间的因果联系。根据系统边界,确定农业非点源污染控制政策效应评价模型的因果关系图,见图 6-8。

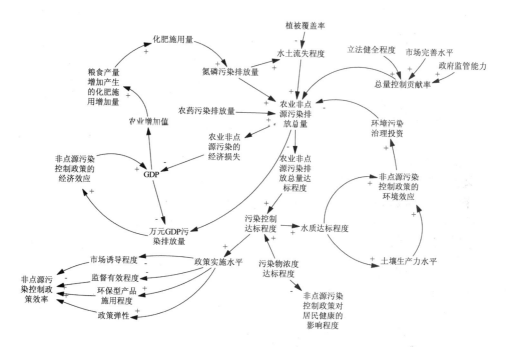

图 6-8　农业非点源污染控制政策效应评价模型因果关系图

从图 6-8 可以看出,模型中的反馈回路主要有以下几条:①当 GDP 总量增加,万元 GDP 污染排放量减少,表明非点源污染控制政策的经济效应增加,因此 GDP 总量增加。这是一条正反馈回路;②当 GDP 总量增加,农业产值增加,化肥施用量增加,此时氮磷污染排放量增加,农业非点源污染排放总量增加,因此农业非点源污染的经济损失增加,GDP 总量减少。这是一条负反馈回路;③当 GDP 总量增加,农业产值增加,化肥年消费量增加,此时氮磷污染排放量增加,农业非点源污染排放总量增加,万元 GDP 污染排放量增加,因此非点源污染控制的经济效应下降,GDP 减少;④农业非点源污染排放总量增加,导致非点源污染的经济损失增加,GDP 减少,农业产值减少,化肥施用量减少,氮磷污染排放量减少,致使非点源污染年排放量减少;⑤农业非点源污染排放总量减少,农业非点源污染总量达标程度上升,污染控制达标程度上升,水质达标程度,农业非点源污控制政策的环境效应提高，环境污染治理投资增加，农业非点源污染排放总量减少。这是一条正反馈回路；⑥农业非点源污染总量达标程度提高，污染控制达标程度提高，表明政策实施水平提高，此时政策弹性（监督有效程度、市场诱导程度、环保品创新程度）同时提高，因此非点源污染控制政策效率提高，农业非点源污染排放总量下降，农业非点源污染总量达标程度提高。这是一条正反馈回路，见表 6-1。

表 6-1　系统主要反馈回路

1	GDP $\xrightarrow{}$ 万元GDP污染排放量 $\xrightarrow{-}$ 非点源污染控制政策的经济效应 $\xrightarrow{+}$ GDP
2	GDP $\xrightarrow{+}$ 农业增加值 $\xrightarrow{+}$ 化肥施用量 $\xrightarrow{+}$ 氮磷污染排放量 $\xrightarrow{+}$ 农业非点源污染排放总量 $\xrightarrow{+}$ 农业非点源污染的经济损失 $\xrightarrow{-}$ GDP
3	GDP $\xrightarrow{+}$ 农业增加值 $\xrightarrow{+}$ 化肥施用量 $\xrightarrow{+}$ 氮磷污染排放量 $\xrightarrow{+}$ 农业非点源污染排放总量 $\xrightarrow{+}$ 万元GDP污染排放量 $\xrightarrow{}$ 非点源污染控制政策的经济效应 $\xrightarrow{+}$ GDP
4	农业非点源污染排放总量 $\xrightarrow{+}$ 非点源污染的经济损失 $\xrightarrow{-}$ GDP $\xrightarrow{-}$ 农业增加值 $\xrightarrow{+}$ 化肥施用量 $\xrightarrow{+}$ 氮磷污染排放量 $\xrightarrow{+}$ 农业非点源污染排放总量
5	农业非点源污染排放总量 $\xrightarrow{-}$ 氮磷污染总量达标程度 $\xrightarrow{+}$ 污染控制达标程度 $\xrightarrow{}$ 水质达标程度 $\xrightarrow{}$ 非点源污染控制政策的环境效应 $\xrightarrow{+}$ 环境污染治理投资 $\xrightarrow{+}$ 农业非点源污染排放总量
6	氮磷污染总量达标程度 $\xrightarrow{+}$ 污染控制达标程度 $\xrightarrow{+}$ 政策实施水平 $\xrightarrow{+}$ 政策弹性（监督有效性、市场投机程度、环保品创新程度）$\xrightarrow{+}$ 非点源污染政策控制效率 $\xrightarrow{}$ 农业非点源污染排放总量 $\xrightarrow{-}$ 农业非点源污染总量达标程度

6.2.3　系统中主要反馈回路的基本特性研究

如表 6-1 所示，该模型中有三条正反馈回路和三条负反馈回路。下面将从一阶正反馈回路和一阶负反馈回路的系统动力学特性以及对控制农业非点源污染政策制定的启示来进行说明：

（1）一阶正反馈回路的基本特性及对该模型建模的启示

一阶正反馈回路是指回路只包含一个状态量，并且从该回路的任一变量出发，经过整条回路又回到该变量，使该变量得到加强或减弱，一阶正反馈回路是最基本的增强回路。一阶正反馈回路有两种典型的动态行为特点。如图6-9和图6-10所示。

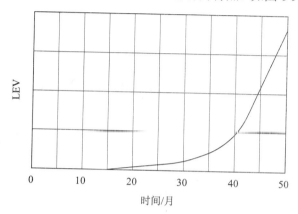

图 6-9　一阶正反馈回路的增长态势

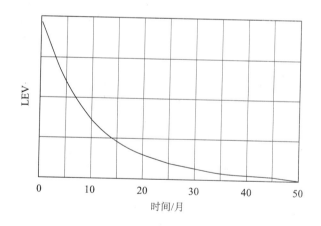

图 6-10　一阶正反馈回路的衰减态势

一阶正反馈回路呈现增长或衰减的特征，是由该回路中的速率常数来决定的。因此，政府在制定农业非点源污染控制政策时，应提升那些在农业非点源污染控制政策效率增强回路中使政策效率提高的速率变量。同时，在农业非点源污染排放的衰减回路中，降低那些使农业非点源污染减少的速率变量，从而达到减少农业非点源污染排放的目的。

例如，当农业非点源污染控制政策的运行处于良性循环时，提高污染治理投资或者降低农药、化肥的施用量都能达到控制农业非点源污染总量、提高农业非点源污染控制政策的环境效应的目的。但是他们对农业非点源污染控制政策的环境效应的影响方式是不同的。提升污染治理投资，并没有降低农业非点源污染排放总量，但由于污染治理能力的提高使得新立城水库流域农业非点源污染的达标程度提高，即水质得到改善从而使得农业非点源污染控制政策的环境效应提高。然而，由于提高污染治理投资将直接增加政府财政负担，无法提高农业非点源污染控制政策的经济效应。而且当污染治理投资达到一定规模之后，再增加农业非点源污染治理投资，将无法使新立城水库流域农业非点源污染达标程度提高。因此我们可以看出，提高农业非点源污染治理投资是一种"外延式""粗放型"的农业非点源污染控制政策，虽然能在短期内达到控制农业非点源污染的目的，但因缺乏可持续性，从某种意义上来讲，不应视为控制农业非点源污染的主要措施。

相对地，通过控制农药、化肥的施用量，可以直接降低新立城水库流域农业非点源污染的浓度，提升污控达标程度，从而提高农业非点源污染控制政策的环境效应，而且，控制农药化肥施用量政策具有一定的可存续性，一期农药化肥施用量减少，将在以后很长一段时间内，提高农业非点源污染控制政策的环境效应中持续发挥作用。因此，通过制定相关政策控制农药、化肥的施用量，降低新立城水库流域农业非点源污染的浓度，可以说是一种"内涵式""集约型"农业非点源污染控制政策，能从根本上治理农业非点源污染对环境的损害，是一种"标本兼治"的措施。

当农业非点源污染控制政策处于恶性循环阶段时，除了降低农药、化肥的施用量，设法降低农业非点源污染排放量，想尽一切办法提高新立城水库农业非点源污染达标程度，推动增长回路从恶性循环向良性循环转变以外，很难有更为有效的措施来阻止农业非点源污染控制政策的环境效应恶化。此时，在条件允许的范围内，通过提高农药、化肥的销售价格，或对施肥、施药按不同类型和比例征收一定的税金，从而快速降低农药化肥的施用量也是一个行之有效的方法。虽然，提高农药化肥的价格会在一定程度上损害农民的切身利益，而且农药化肥的施用量越大，但在施用强度的情况下，农民收入受损失的情况下反而可以减少农业非点源污染的排放量。如果农业非点源污染控制政策的环境效应可以在此时转变为正值，则农业非点源污染控制政策就能够进入良性循环了。即使提高农药、化肥的销售价格，或对施肥、施药按不同类型和比例征收一定的税金的情况下，仍然不能使农业非点源污染控制政策的环境效应变为正值，但也能够通过降低农业非点源污染排放量从而大大减缓环境恶化的速度。如果此时，能够配合提高环境污染治理投资，例如改进污染治理技术、加强污染治理基础设施、种植污染隔离带

126

等手段，使得农业非点源污染控制政策的环境效应转为正值，则农业非点源污染控制政策也可以转为良性循环阶段。

（2）一阶负反馈回路的基本特性及对该模型建模的启示

一阶负反馈回路就是只含有一个流位变量的负反馈系统。负反馈回路是几乎包含了所有调节回路的动态特征的最基本的调节回路。

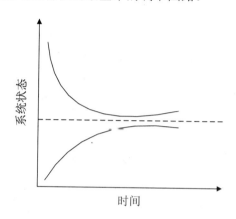

图 6-11　一阶负反馈回路的行为模式

如图 6-11 所示，负反馈系统行为的共同特征就是寻找目标。一阶负反馈系统的行为特征是单调地趋于目标，即强烈的"稳定性"和"目标性"。

负反馈系统的目标性是指系统从状态空间的任意变量出发，无论经过怎样的运动过程，其运行的最终结果总是朝着预先所设定的目标值附近趋近。负反馈系统表现出来的这种目标导向又被称为"寻的特性"，是一般负反馈系统所共有的。因此对于负反馈系统来说，无论系统的初始状态如何，只要给定了最终目标，那么在负反馈机制的作用下系统运行一定是跟随目标，并最终停留在目标值附近。由于控制的概念本身必然伴生面向目标，因此负反馈系统的这一基本特性被广泛地应用在各种控制工程领域。农业非点源污染控制也是应用了负反馈系统这样一种寻的特性，在污染排放量偏离预期设定的目标时，政府就需要制定相应措施去校正。因此负反馈的作用方式也是农业非点源污染控制的基本机制。

如果一个系统具有"稳定性"，那么该系统在外力作用下，无论经过多大的改变，或是受到多么严重的干扰，经过一段时间，其过渡过程就趋于结束，最终的状态总是趋于目标值附近，而且能够稳定在这个位置不会再发生偏离，难以改变。即使系统在某些外力的作用下突然发生波动或者偏离，一旦这个使系统发生变化的外力消失，负反馈系统在自身的寻的特性的作用下，还是会自动回到目标值附近，这种特性被称为系统的补偿性。也就是说，负反馈系统具有抵制外界力量企图改变系统状态的特性。正是负反馈系统的这一自动调节、体内平衡、抵制外界力量的特性使得系统可以稳定存续。但也是因为负反馈系统的这种稳定特性使得系统中的一些不良结构很难改变。因此，一个负反馈系统的变化取决于外生设定的目标值，无论负反馈系统中间过程的轨迹如何，负反馈系统运动的最终结果都是跟随它的目标。

根据以上的分析可以看出，负反馈回路具有"目标性"和"稳定性"的运行特点。因此，在负反馈回路主导下的模型中，状态值的任一增加或减少使得状态值与目标值之间产生偏差，为了减小偏差，系统的内部作用反过来使状态值相应地减少或增加，使偏差减小，最终仍大体维持了原先的状态值。在我们日常生活中，有很多复杂问题积重难返，就是由于组成问题的各个相互联系的因素之间构成了一个负反馈回路。如果不能辨识出这个负反馈结构，从根本上改变系统结构，而是改变其中的某几个因素，时间一长，由于负反馈系统的目标性和稳定性的作用，问题又会重新出现。因此，解决这种负反馈系统问题根本出路是首先辨识出系统的类型结构，找到整个系统的"目标值"，通过改变目标值才能达到根本改善的目的。

在控制农业非点源污染过程中遇到的一些问题，同样来自于负反馈系统的这种特性。当农业非点源污染排放减少到一定程度时往往会遇到瓶颈，此时，一般的农业非点源污染控制措施实施后通常不见成效。其根本原因就是农业非点源污染控制政策在运行中被某个负反馈回路所主导了。

在农业非点源污染控制政策运行过程中，对其产生影响的增强回路要少于其所受限制的调节回路的数量。这些负反馈调节回路组成的系统中，有些并不直接控制农业非点源污染的排放量，但在影响政策实施的过程以及评价政策效应时起着非常关键的作用。

例如在农业非点源污染控制政策实施的初期，市场诱导程度和政策实施监督的有效程度对农业非点源污染控制政策实施所产生的作用很小，但是这两个因素对农业非点源污染控制政策的影响，将伴随着该政策实施的不同阶段持续产生。一旦农业非点源污染控制政策的运行脱离了一条调节回路的作用，另一条调节回路仍然对其起到限制的作用。因此，在评价农业非点源污染控制政策本身的效应时，运行轨迹会呈现出一段一段的稳定状态，这些稳定阶段是由调节回路所产生的限制作用造成的。一旦在农业非点源污染控制政策运行过程中克服这些限制和约束，则该政策的实施将会带来更好的经济效应和环境效应，如果无法克服这些调节回路造成的限制，那么农业非点源污染控制政策所产生的效应将仅限于此。如果在增强回路长时间的持续作用下，该政策还是无法突破限制其运行的调节回路，仍然稳定在某个状态附近而无法形成良性循环，将很有可能陷入恶性循环。而且陷入这种恶性循环的可能性与在该稳定状态的停留时间长短成正比。因此，当农业非点源污染控制政策实施过程中长时间无法突破某个瓶颈而徘徊不前时，就必须细心研究限制农业非点源污染控制政策运行的调节回路的基本结构，寻找该回路追随的目标，而不能一味地加强增强回路中的推动因素。因为，在反馈机制的作用下，不改变农业非点源污染控制政策调节回路的目标值的情况下，任何促进该政策实施的措施都起不到明显的作用。

但是，根据以往政策实施经验看，很多时候都陷入了增加增强回路中的投入，而经济、环境都不见好转的困境。能够仔细分析调节回路的基本结构，辨识出真正约束政策实施因素的情况很少，这主要是因为：首先，人们可能不知道负反馈系统调节回路的基本机制，因而没有意识到约束的存在，不知道应该寻找目标因素，从而解除约束条件使问题得到根本的解决；其次，当问题出现时，人们往往都是去寻找使问题发生的直接原因而非根本原因。在调节回路中的约束条件多数是迂回的、看似无足轻重的，因而容易被忽视；最后，有些约束条件消除后需要较长的响应时间才能产生较明显的效果，由于延迟时间过长人们往往感到怀疑。

因此，在农业非点源污染控制政策实施过程遇到瓶颈时，不能一味地去推动增强回路快速运转，而是应该主动去寻找调节回路中的约束条件，使问题得到彻底的解决。

综上所述，一阶正反馈回路是增强回路，系统的增长和衰退都源于它，它也是系统发展的内在动力；一阶负反馈回路式调节回路，它是系统得以在某个状态稳定存在的原因，它也规定了系统发展的最终目标。正反馈回路与负反馈回路是相互作用、相辅相成、缺一不可的。只有清楚认识到系统中正反馈回路与负反馈回路的作用机制，分析其行为特点，才能够从根本上评价农业非点源污染控制政策的实施效应，找出问题的逃出点，举一反三，防止类似问题再次发生。

6.2.4 确定系统变量

通过以上的分析，将因果关系图中的要素转化为系统流程图中的变量，是建模中重要的一个步骤。确定系统的变量，要动态思考问题，基于以下几个原则确定系统流程图中的变量。

①状态变量（Level）又可称为流位变量，或者水平变量是积累变量，用矩形表示。它的变化速度比模型的时间坐标慢，可定义在任何时点，一个因果链中的状态变量具有改变系统整体的动力学性质的能力。速率变量是表示积累效应变化快慢的变量，又可称流率变量，用阀符号表示。辅助变量是指从积累效应变量到变化速度变量及变化速度之间的中间变量。如何判断一个变量是否为状态变量要看这个变量是否在系统中连续存在且有意义。因为在系统活动中流程可以停止，但它原先积累的量即状态变量却不会因活动停止而等于零，速率变量则不然。

②在绘制系统动力学流程图时，有两个或两个以上状态变量、速率变量不能直接连接，其他变量则不然。

③为了简化系统动力学模型，优化系统结构，应减少状态变量的个数，从而降低系统的阶数，使得系统运行结果更加清晰。

6.2.5　构建子系统

为了评价新立城水库流域农业非点源污染控制政策实施过程中产生的经济、社会和环境效应，测算农业非点源污染控制政策的效率，并根据新立城水库流域农业非点源污染控制政策评价系统的特点，将新立城水库流域农业非点源污染控制政策评价的系统动力学评价模型分为两大子系统：新立城水库流域农业非点源污染子系统和农业非点源污染控制政策效应评价子系统。在农业非点源污染控制政策效应评价子系统中，设计了四个评价指标：农业非点源污染控制政策的环境效应、农业非点源污染控制政策的经济效应、农业非点源污染控制政策对居民健康的影响程度以及该控制政策本身的效率。

该研究的重点是农业非点源污染控制政策效应评价，因此，控制政策效应评价子系统是模型的主要部分，而农业非点源污染子系统是控制政策效应评价子系统的基础和数据输入源，故系统分析以业非点源污染子系统为主线。各子系统之间的相互关系如图 6-12 所示。

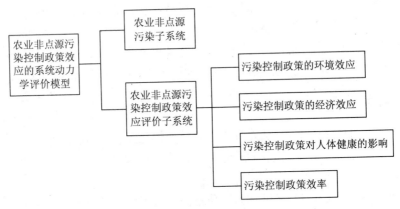

图 6-12　农业非点源污染控制政策评价模型子系统

（1）新立城水库农业非点源污染子系统

农业非点源污染子系统作为农业非点源污染控制政策效应评价子系统的前提，该子系统主要用来描述农业非点源污染的产生、排放过程以及农业非点源污染对该地区经济活动的影响。在农业非点源污染子系统中，我们主要关注的是农业非点源污染排放量和排放结构,通过研究农业非点源污染排放量和排放结构,可以直接看出农业非点源污染控制政策的有效性,进而分析农业非点源污染控制政策的效应。一方面,过量施用化肥、农药造成氮磷污染的大量排放,大部分氮、磷进入水体造成新立城水库流域水体污染;另一方面,由于植被破坏、过量施用的化肥、农药造成土地板结,加速了水土流失,成为新立城水库农业非点源污染因素之一。因此,为了使模型条理清楚,将新立城水库流域农业非点源污染的主要因素归结为:过量施用的化肥、农药及由于水土流失进入新立城水库流域中的泥沙及各种有机物质,其中,最主要的影响因素为化肥。为了使模型简化便于分析,又能反映该地区的特点,将化肥年消费量设为本系统的状态变量,化肥年消费增长速度为速率变量。其余的影响因素均设为辅助变量。

由农业非点源污染所造成的新立城水库流域水体污染、土壤肥力下降必将对农民的经济利益产生影响,进而对该地区经济产生削减作用。经济的发展不应以牺牲环境为代价,生态环境与经济利益的平衡一直都是人们关注的课题。农业非点源污染子系统中将反映经济状况的指标——GDP 作为状态变量处理,将 GDP 年增长速度设置为速率变量。综上所述,农业非点源污染子系统的系统流程如图 6-13 所示。

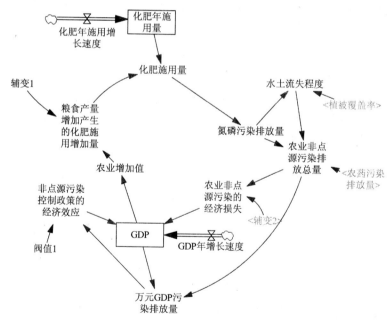

图 6-13 农业非点源污染子系统

(2)农业非点源污染控制政策效应评价子系统

农业非点源污染控制政策效应评价子系统是本模型的核心部分,它通过衡量农业非点源污染控制政策实施后，对社会经济、环境、居民健康等方面的影响程度来评价该政策的效应。除此之外，笔者还设计了市场诱导程度、监督有效程度、环保型产品使用程度来评价农业非点源污染控制政策本身的效率。而且一项好的政策，除了要对社会经济活动、人们日常行为产生积极的影响和引导作用之外，还要有针对性和适应性。因此，本模型中还设计了政策弹性这一辅助变量。综上所述，农业非点源污染控制政策效应评价子系统中有四个分支：农业非点源污染控制政策对居民健康的影响程度、农业非点源污染控制政策的经济效应、农业非点源污染控制政策的环境效应以及农业非点源污染控制政策效率。

根据前面的分析可以知道，农业非点源污染控制政策是一个调节回路，对农业非点源污染排放是一个限制和约束作用。农业非点源污染排放污染了新立城水库流域的水源，使得饮用水安全受到威胁。农业非点源污染控制政策实施以后，农业非点源污染排放得到控制，水质好转，因此，该政策的实施在农业非点源污染排放的浓度和总量降低一定程度时，必然会对当地居民的身体健康产生积极的影响。实施农业非点源污染控制政策的途径有两条：一是直接减少农业非点源污染的排放，二是加强非点源污染治理投资，无论采取哪种措施或是两种措施同时采用都将影响经济效应，模型中将对此进行探讨。农业非点源污染控制政策的环境效应是用来表示农业非点源污染对新立城水库流域水质和土壤生产力的影响。农业非点源污染控制政策效率是通过市场诱导程度、监督有效程度、环保型产品使用程度和政策弹性这四个变量的运行所表现出来的。

下面笔者将详细介绍农业非点源污染控制政策对居民身体健康的影响程度、农业非点源污染控制政策的经济效应、环境效应以及农业非点源污染控制政策效率这四个主要变量及其设计目的。

农业非点源污染控制政策对居民身体健康的影响程度这一分支主要用来反映新立城水库流域农业非点源污染控制政策在实施过程中对该流域居民的身体健康的影响程度。农田中施用的化肥、农药及禽畜养殖产生的粪便等，其中的有机物、无机养分、有毒有害物质（如重金属或农药的残留物等）及其他污染物经淋溶作用进入地下水体或经地表径流进入饮用水水源区，可造成饮用水源的污染，影响人体健康。据报道，饮用水和食品中过量的硝酸盐会导致人体缺氧而易患铁红蛋白症，这种病对婴幼儿的危害很大，罹患此病的婴儿死亡率可达 20%。饮用水中的硝酸盐还有致癌的危险，对恶性肿瘤流行病等的调查表明，胃癌与环境中的硝酸盐水平及饮用水和蔬菜中的硝酸盐摄入量呈正相关。美国学者对 18 个集体单位进行了调查，发现饮用水中高量硝酸盐与高血压发病率之间有联系。此外，硝酸盐形成的亚硝基化合物还可能导致基因突变，尤其是在缺乏维生素 C 之类的抑制剂时作用更明显。虽然饮用受污染的水源对人体健康的影响可能要经过很长时间才能表现出来，有时甚至被忽略，但在此模型中，系统的运行时间达到 15 年，能够在一定程度上反映出实施农业非点源污染控制政策之后，由于饮用水水质得到净化从而对新立城水库流域居民身体健康产生积极影响。这也是政府相关部门在制定政策时所要考虑的一个方面。

农业非点源污染控制政策的经济效应是指实施了农业非点源污染控制政策之后，对新立城水库流域当地居民和社会整体经济产生的影响程度。当农业非点源污染严重时，必将对社会经济发展产生不利的影响，这一点毋庸置疑。在实施农业非点源污染控制政策的过程中，也需要耗费一定的财力，有时会在一定程度上转嫁到当地农民的身上，因此，研究农业非点源污染控制政策的经济效应非常必要。由于农业非点源污染控制政策对经济产生的实际影响的相关数据可获得性差，因此在模型中主要选取以下两个主要变量：农业非点源污染控制政策实施成本和万元 GDP 农业非点源污染排放量。农业非点源污染控制政策实施成本主要包括两个方面：一是为控制农业非点源污染排放，使用环保型农药、化肥等投入的额外资金；二是为了治理农业非点源污染，在基础设施建设和提高治理污染能力等方面所投入的资金。万元 GDP 农业非点源污染排放量是一个边际概念，指每增加 1 万元 GDP，农业非点源污染的排放量，当这个变量值越大时，表明农业非点源污染排放越严重。这是指在农业非点源污染控制政策陷入恶性循环或在政策实施后，农业非点源污染排放量仍然较大时，对经济的不利影响。

农业非点源污染控制政策的环境效应是该政策实施后产生的最直接的结果。控制农业非点源污染的目的就是为了改善生态环境，在模型中，影响农业非点源污染控制政策环境效应的变量有两个，即土壤生产力水平和水质达标程度。从这两个方面来衡量新立城水库流域农业非点源污染对环境产生的负面影响。土壤生产力水平是反映过量使用的农药、化肥等农业化学物质通过渗透等方式沉积在土壤中，使土壤肥力下降导致土壤生产力水平下降。水质达标程是衡量新立城水库流域水质好坏的直接指标。当农业非点源污染控制政策处于良性循环时，这两个指标上升幅度虽然不同，但会同时处于上升阶段，从而使得农业非点源污染控制政策的环境效应提高。但由于系统中调节回路的作用，环境效应这一指标并不会一直上升，它会在某个时期处于稳定状态。如前文所述，此时，如果想进一步提高农业非点源污染控制政策的环境效应，就需要仔细分析系统结构，找出政策实施的关键因素。

农业非点源污染控制政策效率评价这一分支用来显示新立城水库流域农业非点源污染控制政策本身的效率，农业非点源污染控制政策效率是通过市场诱导程度、监督有效程度、环保型产品使用程度和政策弹性这四个变量的运行所表现出来的。其中，市场诱导程度是指在农业非点源污染控制政策实施过程中，由于市场价格、资源配置等原因阻碍农业非点源污染控制政策的实施。市场诱导程度与农业非点源污染控制政策效率呈反方向变化。同时也可以看出，市场诱导程度是对业非点源污染控制政策实施产生扰动的重要因素，如果对该因素没有足够的重视，则很可能造成系统的震荡。监督有效性程度用来反映污染管理部门对农业非点源污染控制政策实施过程的监督力度和效果，监督有效性程度与农业非点源污染控制政策效率同向变化，它对农业非点源污染控制政策的实施具有促进作用。环保型产品使用程度是指复合环保型农药、化肥的使用程度，它与农业非点源污染控制政策效率也呈现同方向变化，农业环保型产品使用程度越高，说明农民对控制农业非点源污染意识越强，因此，农业非点源污染控制政策效率就越高。政策弹性是指当农业非点源污染控制政策实施的环境或条件发生变化时，该政策可以随时进行调整的适应性程度。当政策弹性较高时，说明该政策可以随时根据需要进行变动而不引起系统整体行为的改变。因此，农业非点源污染控制政策效率与政策弹性呈同方向变化。

6.2.6 构建系统流程图

根据以上所描述的各子系统中变量的因果关系以及变量的性质，画出农业非点源污染控制政策效应评价系统流程图，如图 6-14 所示。

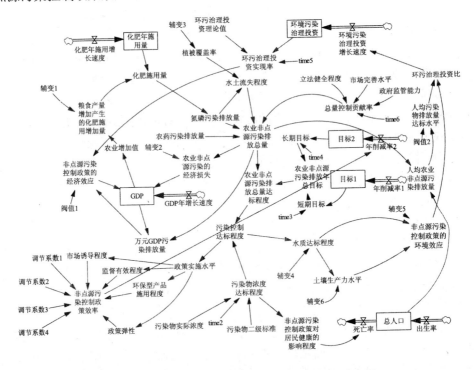

图 6-14 农业非点源污染控制政策效应评价系统流程

6.2.7 构建系统方程式

模型建立完成并不能马上进行模拟，它需要方程式来建立变量之间的关系。在 Vensim 软件中构造变量方程式十分简单方便。系统流程图绘制完毕之后，接下来要做的就是建立变量之间的方程式。点击 Vensim 软件中的建方程按钮（$Y-X^2$），出现方程编辑对话框，如图 6-15 所示。根据系统流程图中的各变量之间的关系，除了要编写个变量之间的数学方程式外，还要输入与模拟初始条件以及系统内部变量有关的数据。

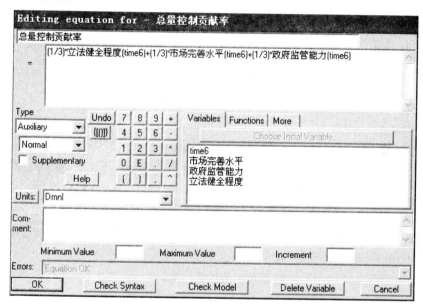

图 6-15　Vensim 方程建立

模型中的方程如下：

---

(01) FINAL TIME　= 2010　Units: Year

(02) GDP= INTEG (GDP*GDP 年增长速度-农业非点源污染的经济损失-GDP*非点源污染控制政策的经济效应, 9.92141e+006)　　　　　　Units: 亿元

(03) GDP 年增长速度= 0.08　　　　Units: Dmnl

(04) INITIAL TIME　= 2000　　Units: Year

The initial time for the simulation.

(05) SAVEPER　= TIME STEP　　Units: Year [0,?]

The frequency with which output is stored.

---

(06) TIME STEP　　= 1　　　　　　　　Units: Year [0,?]

The time step for the simulation.

(07) time2 = 2000　　　　　　Units: **undefined**

(08) time3 = 2000　　　　　　Units: **undefined**

(09) time4 = 2000　　　　　　Units: **undefined**

(10) time5 = 2000　　　　　　Units: **undefined**

(11) time6 = 2000　　　　　　Units: **undefined**

(12) 万元 GDP 污染排放量= 氮磷年排放总量/GDP　　　　Units: 万吨

(13) 人均氮磷排放量= 氮磷年排放总量/总人口　　　Units: 千克/人

(14) 人均污染物排放量达标水平=人均农业非点源污染排放量/阀值 2

Units: **undefined**

(15) 农业增加值= GDP*0.35　　　　Units: 亿元

(16) 农作物经济收入损失水平= 辅变 5(水质达标程度)

Units: **undefined**

(17) 出生率= 0.012095　　　　Units: Dmnl

(18) 化肥年施用量量= 粮食产量增加产生的化肥施用增加量+化肥年消费量

Units: 万吨

(19) 化肥年消费增长速度= 0.05194　　　　Units: Dmnl

(20) 化肥年消费量= INTEG (化肥年消费增长速度*化肥年消费量,132000)

Units: 万吨

(21) 土壤生产力水平= 辅变 6(水质达标程度)

Units: **undefined**

(22) 水质达标程度 = 辅变 4(污控达标程度)　　　　Units: Dmnl

(23) 市场完善水平(

[(2000,0.1)-(2015,1)]],(2000,0.141589),(2001.44,0.123874),(2002.26,0.226425),

(2003.13,0.218733),(2004.33,0.133511),(2005.25,0.356322),(2006.78,0.502112),(2008.35,

0.321505),(2009.35,0.535871),(2010.56,0.434421),(2011.76,0.427362),(2013.24,0.3217

89),(2014.41,0.725158),(2014.86,0.280626),(2015.55,0.674674),)　　　Units: Dmnl

(24) 市场诱导程度=1- 政策实施水平　　　Units: Dmnl

(25) 年削减率 1= 0.05　　　Units: Dmnl

(26) 年削减率 2= -0.05-IF THEN ELSE(非点源污染控制政策效率<0.87,

0.01 ,0)　　　　　　Units: Dmnl

(27) 总人口= INTEG (总人口*(出生率-死亡率),126743)　　　Units: 万人

(28) 总量控制贡献率 =(1/3)*立法健全程度(time6)+(1/3)*市场完善水平(time6)+(1/3)*政府监管能力(time6)　　　　Units: Dmnl

(29) 政府监管能力(

[(2000,0.5)-(2015,1)],(2000,0.265532),(2000.15,0.243635),(2001.53,0.5254316),(2002.55,0.363564),(2003.47,0.44807),(2004.31,0.579819),(2005.79,0.865711),(2006.23,0.574774),(2007.29,0.789482),(2008.44,0.468179),(2009.04,0.61240)(2010.57,0.768464),(2011.24,0.28047),(2012.76,0.684219),(2013.44,0.245311),(2014.16,0.354589),(2015.56,0.354782),)

Units: Dmnl

(30) 政策实施水平= 污控达标程度　　　　Units: Dmnl

(31) 政策弹性= 政策实施水平*0.94　　　　Units: Dmnl

(32) 死亡率= 0.0064+非点源污染控制政策对居民健康的影响程度/100

Units: **undefined**

(33)农业非点源污染排放总量=(氮磷污染排放量+农药污染排放量+水土流失程度)*(1-总量控制贡献率)　　　　Units: 万吨

(34) 农业非点源污染排放总量达标程度=(氮磷排放年总目标-氮磷年排放总量)/氮磷排放年总目标　　　　Units: Dmnl

(35) 农业非点源污染排放年总目标=长期目标+短期目标　　　　Units: 万吨

(36) 农业非点源污染排放处理率= 辅变 3(环污治理投资实现率)

Units: Dmnl

(37) 氮磷污染处理量= 氮磷污染排放量*氮磷污染处理率

Units: 万吨

(38) 氮磷污染排放量= 0.6*化肥年总消费量　　　　Units: 万吨

(39) 污控达标程度= 0.7*氮磷总量达标程度+0.3*污染物浓度达标程度

Units: Dmnl

(40) 污染物二级标准= 0.06　　　　Units: 毫克/立方米

(41) 污染物实际浓度(

[(2000,0)-(2015,0.08)],(2000.05,0.0856472),(2000.74,0.0562419),(2001.49,0.0505018),(2002.55,0.0586212),(2003.57,0.058719),(2004.45,0.0568726),(2005.22,0.0724595),(2006.44,0.0467863),(2007.21,0.0411246),(2008.21,0.0354316),(2009.26,0.0323684),(2010.88,0.0524421),(2011.28,0.0224432),(2012.34,0.0212458),(2013.58,0.0472195),(2014.99,0.01348),(2015.93,0.0246747))　　　　Units: **undefined**

(42) 污染物浓度达标程度=(污染物二级标准-污染物实际浓度(time2))/污染物二级标准　　　　Units: Dmnl

137

(43) 环保型产品创新程度= 政策实施水平*0.9　　　　Units: Dmnl

(44) 环境污染治理投资= INTEG (环境污染治理投资增长速度*环境污染治理投资,1089.7)　　　　Units: 亿元

(45) 环境污染治理投资增长速度= 环污治理投资比

Units: **undefined**

(46) 环污治理投资实现率= 环境污染治理投资/环污治理投资理论值(time5)

Units: Dmnl

(47) 环污治理投资比= 非点源污染控制政策的环境效应/2+人均农业非点源污染物排放量达标水平/5　　　　Units: **undefined**

(48) 环污治理投资理论值(

[(2000,300)-(2015,1040)],(2000,0.08272),(2003,0.08943),(2004,0.0934),(2005,0.0974),

(2006,0.14421),(2007,0.2548),(2008,0.4615),(2009,0.5689),(2010,0.608,),(2012.04,0.7511),

(2013,0.88105),(2014,0.895),(2015,0.4895))　　　　Units: 亿元

(49) 监督有效性= 政策实施水平*0.95　　　　Units: Dmnl

(50) 目标 1= INTEG (目标 1*年削减率 1,11050)　　　　Units: 万吨

(51) 目标 2= INTEG (目标 2*年削减率 2,22 500)　　　　Units: 万吨

(52) 短期目标=IF THEN ELSE(time3<2010, 目标 1 , 0)　　　　Units: 万吨

(53) 立法健全程度(

[(2000,0.2)-(2015,1)],(2000.87,0.492247),(2000.87,0.246335),(2001.22,0.148925),

(2002.14,0.292458),(2003.18,0.248907),(2004.12,0.2174578),(2005.42,0.433008),

(2006.45,0.42797),(2007.22,0.547682),(2008.42,0.578386),(2009.44,0.42408),(2010.92,

0.523565),(2011.32,0.579158),(2012.4,0.523456),(2013.01,0.659986),(2014.16,0.175263),

(2015.03,0.778562))　　　　Units: Dmnl

(54) 粮食产量增加产生的化肥施用增加量 = 辅变 1(农业增加值)　　　　Units: 万吨

(55) 调节系数 1= 0.21　　　　Units: Dmnl

(56) 调节系数 2= 0.28　　　　Units: Dmnl

(57) 调节系数 3= 0.23　　　　Units: Dmnl

(58) 调节系数 4= 0.28　　　　Units: Dmnl

(59) 辅变 1(

[(40000,0)-(530000,240000)],(58949,0),(12578.6,5131.58),(112055,8445.05),

(128478,12575.8),(114865,14567.7),(345431,18747.4),(245404,25715),

(453717,18947.4),(411243,23254.5),(450168,32442.1),(549813,25394.7),

(534725,26710.5),(647440,26427.6))　　　　Units: **undefined**

(60) 辅变2(

[(200,600)-(5e+006,1e+004)],(699.153,8.12044e+006),(957.987,818.749),

(1453.49,819.748),(1540.37,848.645),(1457.18,877.378),(2100,844),(1486.36,982.105),

(2075.22,941.741),(2542.29,9.9704e+005),(2480.8,1042.24),(2415.05,1050.92),

(2171.01,1080.39),(2541.01,1020.4),(2487,1108),(3423.06,1407.37),(3144.34,1171.05),

(4070.43,1124.74),(4517.55,1235.45),(4983.56,1246.18),(2.25068e+006,807.895),

(4.35186e+006,8.12184e+006))　　　　　　Units: **undefined**

(61) 辅变3(

[(0,0)-(1,1)],(0.0030621,0.0360277),(0.0821588,0.0705184),(0.212409,0.117421),

(0.325759,0.172781),(0.4472425,0.236142),(0.574424,0.311104),(0.672957,0.359559),

(0.730427,0.397837),(0.782584,0.415557),(0.795127,0.442211),(0.804241,0.434311),

(0.868804,0.451764),(0.859437,0.465212),(0.878734,0.472984),(0.918131,0.5),

(0.943754,0.52193),(0.957361,0.595991),(0.998183,0.635228))

Units: **undefined**

(62) 辅变4(

[(-3,0)-(1,0.3)],(-2,0.4),(-1.8,0.38),(-1.6,0.37),(-1.5,0.33),(-1.4,0.24),(-1,0.21),(-0.8,0.15),

(-0.6,0.13),(-0.3,0.12),(-0.2,0.1),(0.1,0.12),(0.3,0.06),(0.5,0.081),(0.9,0.061),(1,0.03))

Units: **undefined**

(63) 辅变5(

[(0.05,0.05)-(0.5,0.4)],(0.0531523,0.0761365),(0.107548,0.0748175),(0.155363,0.105063),

(0.193795,0.117009),(0.231899,0.137965),(0.259245,0.158879),(0.305763,0.197824),

(0.340487,0.241251),(0.376783,0.269153),(0.434927,0.285949),(0.456778,0.324781),

(0.491653,0.297693))　　　　　Units: **undefined**

(64) 辅变6(

[(0.05,0.08)-(0.5,0.5)],(0.0525884,0.166697),(0.121427,0.2),(0.159996,0.229354),

(0.223569,0.246872),(0.266981,0.275932),(0.305994,0.310654),(0.356987,0.34274),

(0.415322,0.412679),(0.459436,0.439579),(0.487648,0.479598))

Units: **undefined**

(65) 长期目标= IF THEN ELSE(time4>2010, 目标2 , 0)　　　　Units: 万吨

(66) 阀值1= 5.34　　　　Units: 千克/亿元

(67) 阀值2= 0.06　　　　Units: 千克/人

(68) 农业非点源污染控制政策对居民健康的影响程度= 污染物浓度达标程度/100

Units: Dmnl

(69) 农业非点源污染控制政策效率=市场诱导程度*调节系数 1+监督有效程度*调节系数 2+环保型产品创新程度*调节系数 3+政策弹性*调节系数 4

Units: Dmnl

(70) 农业非点源污染控制政策的环境效应= 0.5*农作物经济收入损失水平+0.5*土壤生产力下降水平　　　　　　Units: Dmnl

(71) 非点源污染控制政策的经济效应=(万元 GDP 污染排放量*阀值 1)*10

Units: Dmnl

(72) 非点源污染的经济损失= 辅变 2(氮磷年排放总量)　　　　　　Units: 亿元

6.3　系统动力学模型动态模拟分析基础

6.3.1　确定模型的时间和步长

模型时间的长短应根据模型研究的对象和目的来定，通常有如下 3 个原则：首先，起始时刻到目前时刻的模型输出常与真实的历史数据对照。以验证模型的有效性。其次，让系统充分展示所要研究的行为模式。最后，让系统对某种政策的改变有充分的响应时间。

确定步长（DT）的大小会影响模型动态模拟结果的准确性。根据理论与实践，步长由系统中最小的延迟时间来确定，一般取值为最小延迟时间的 0.2～0.5 倍。步长过小，使模拟步增多，累积误差也增大，不仅增加计算时间，而且精度未必提高。步长过大，系统行为便会失真，以致得不出合理结果。本章选择的步长为 1 a。

6.3.2　确定模型参数

估计确定模型中参数值是建模的重要步骤，系统动力学模型的参数估计有许多不同的方法，最常用的方法是调研、专家咨询或者对参数直接测量，统计、估计方法可在确定参数的最后阶段发挥作用，参数估计的精确度直接影响模型运行结果。但是一般而言，系统动力学模型首先强调的是系统结构而不是参数值的估计。本章中根据客观需要和笔者个人的经验，首先搜集了新立城水库流域农业非点源污染的有关数据，并使用了几何平均值法来确定模型参数。

6.3.3　模型检验

建立系统动力学模型是一个分解、综合、循环反复，逐渐达到目标的过程。

系统动力学模型的检验标准包括检验模型的真实性和有效性，模型真实性检验即验证模型动态模拟结果能否经受现实数据的验证，所得到的信息与行为是否反映实际系统的特征及变化规律，并且与理论描述的系统趋向比较一致。模型有效性检验就是验其能否适应建模的目的，验证模型的研究能否正确地认识与理解所需要解决的问题，有效性检验要面向政策，观察政策的实施在实际中的客观效果是否与模型模拟结果一致，起到辅助决策的作用。模型检验是模型调试的基础，在整个建模过程中居于十分重要的位置。通过模型检验，可以发现系统内部的缺陷，研究其结构与行为的关系，体现模型是否对真实系统具有极大的适应性。

系统动力学模型有效性检验分为直观与运行检验、历史数据检验、灵敏度检验 3 种方法。

（1）直观与运行检验

首先，通过对资料进一步分析，检验变量设置、因果关系、流图结构及方程表述是否合理。其次，对方程进行量纲检验。Vensim 软件的菜单可以直接实现方程量纲检验，通过检验，观察等式方程两边的量纲是否一致。最后，通过观察模型的运行，有没有产生病态结果。通过直观检验与运行检验，得出结论是模型可用。

（2）历史数据检验

所谓历史数据检验，就是选择某历史时刻作为初始点，从这个初始点开始进行模拟，然后用已有历史数据与模拟结果数据进行误差、关联度等检验。如果误差在允许或可接受的范围内，则模型可用。以 GDP 这个变量的实际数据对农业非点源污染控制政策效应系统动力学评价模型进行历史数据的有效性检验。由模型的动态结果可以看出，相对于实际数据的误差，其绝对值小于 6%，在合理范围之内，说明模型关于 GDP 的拟合较好，模型与实际系统一致性也较高，证明模型是有效的。

（3）灵敏度检验

灵敏度检验是检验模型行为模式对结构与相应方程式的合理变动是否过于敏感，是对于模型变化所引起的模型响应时间的研究。如果一个模型表现出过高的灵敏度，则它就不适用于政策评价。这是绝大多数建模过程的一个步骤。对于社会经济系统灵敏度分析之所以必要有这样两个原因：首先，许多关系或参数对建模是必需的，但又得不到充分的数据，以致这些关系或参数的估计可能不甚精确。灵敏度分析可以研究数学描述中不确定的后果。其次，由于通过模型研究的问题比较复杂，建成的模型难以理解，灵敏度分析是帮助理解模型如何工作的一个手段。

通过改变化肥年消费量增长速度来测试模型的灵敏性。如图 6-16 所示，首先设化肥年消费量增长速度为 8%，此时，农业非点源污染排放总量为曲线 1，然后改变化肥年消费量增长速度为 10%，此时，农业非点源污染排放总量为曲线 2。从模拟的结果可以看出，模型行为模式并没有因为参数的微小变动而发生大的改变，图中农业非点源污染排放总量行为曲线虽然增长轨迹有所差异，但曲线的行为变化趋势没有出现明显的变动，这说明模型是不灵敏的，所以模型输出结果对参数的要求不严格，有利于模型在实际中的应用。

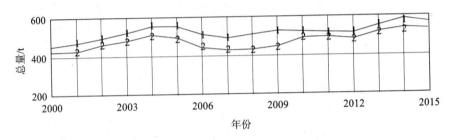

图 6-16　农业非点源污染排放总量

6.4　模型动态模拟结果及其分析

6.4.1　农业非点源污染排放总量动态模拟结果及其分析

非点源污染排放总量的原因树如图 6-17 所示。

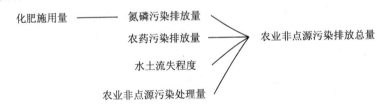

图 6-17　非点源污染排放总量的原因树

在模型中，以施用化肥所产生的氮磷污染排放量、农药污染排放量以及水土流失程度作为影响农业非点源排放量的主要指标。选择化肥年消费量作为产生氮磷污染排放的决定因素，由此获得氮磷污染排放量。由于农业非点源污染控制政策的实施以及污染治理投资增加使得农业非点源污染处理率提高，从而降低了氮磷污染年排放总量，此时得到的氮磷污染排放总量是农业非点源污染控制政策作用后的输出量。

农业非点源污染的形成包括多方面原因,模型中设置的变量包括化肥施用量、农药施用量、水土流失程度这三个变量。从农业非点源污染排放结构角度考察,如图 6-18 所示,对农业非点源污染排放总量影响最大因素的是由施用化肥排放所排放出的氮磷污染。从农业非点源污染排放总量考察,可以发现,2000—2015 年,新立城水库农业非点源污染排放量整体呈现波段上升趋势,前期上升速度较快,后期上升速度明显减慢,而且在 2005—2008 年,农业非点源污染排放总量开始呈整体下降趋势,这说明在农业非点源污染控制政策实施的中前期效果比较明显。政策实施的开始几年和后期,由于污染控制政策的控制力度不强,农业非点源污染控制政策的效果不佳,在图中总量控制贡献率业出现了下降,说明排放总量仍然没有得到有效的控制。总的来说,该地区农业非点源污染控制政策是有一定效果的,但是由于实施过程中缺乏经验、控制力度不强等原因,使得农业非点源污染排放出现了阶段上升的现象。但是随着控制政策的进一步实施、完善,以及广大农户的积极参与、污染治理技术的进步,该地区农业非点源污染控制政策会取得显著成效。

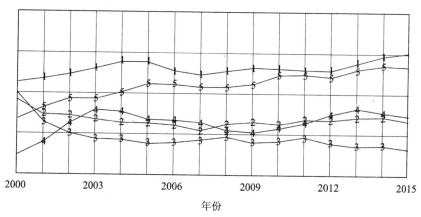

1—农业非点源污染排放总量;2—氮磷污染排放量;3—农药污染排放量;
4—水土流失程度;5—农业非点源污染处理量

图 6-18　农业非点源污染排放总量结构图

6.4.2　农业非点源污染控制政策效应动态模拟结果及其分析

图 6-19 和图 6-20 是农业非点源污染控制政策的环境效应以及农业非点源污染控制政策的经济效应的原因树。

图 6-19　农业非点源污染控制政策环境效应原因树

图 6-20　农业非点源污染控制政策经济效应原因树

　　实施农业非点源污染控制政策对该地区生态环境的影响最为直接。测量农业非点源污染排放量不足以说明农业非点源污染控制政策对生态环境的影响程度。因此，模型中设计了水质达标程度和土壤生产力水平这两个变量来评价农业非点源污染控制政策对生态环境的影响程度（图 6-19）。

　　农业非点源污染控制政策的经济效应包括两方面的内容：一方面，由于实施了农业非点源污染控制政策，使得农业非点源污染排放量减少，从而降低了因农业非点源污染导致的经济损失，使得社会经济效应增加；另一方面，实施农业非点源污染控制政策，必然加大环境污染治理投资，从而对社会经济效益产生负面作用。因此，如图 6-20 所示，模型中对农业非点源污染控制政策的经济效应产生影响的变量有两个：一是万元 GDP 污染排放量，当这个变量值增大时，说明农业非点源污染控制政策的经济效应减少；反之，农业非点源污染控制政策的经济效应增大。二是环境污染治理投资，当这个变量增大时，说明农业非点源污染控制政策的经济效应减少；反之，农业非点源污染控制政策的经济效应增大。

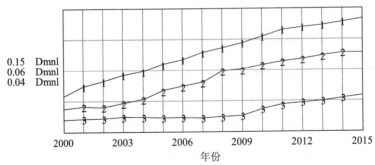

1—农业非点源污染控制政策的环境效应；
2—农业非点源污染控制政策的经济效应；
3—农业非点源污染控制政策对居民健康的影响程度

图 6-21　农业非点源污染控制政策的效应图

从输出图 6-21 可以看出，农业非点源污染控制政策对环境的影响是最明显的 3，其次是对经济效应的影响 2，最后是对居民健康的影响程度 1。

在农业非点源污染控制政策的效应模拟初期，农业非点源污染控制政策的环境效应变化并不明显，这主要是因为在农业非点源污染控制政策实施初期，由于经验少、准备不足等原因使政策实施受到阻碍，而且农业非点源污染对环境的影响是一个循序渐进的过程，无法达到立竿见影的效果。随着控制政策的进一步实施、完善以及控制政策对环境的影响从量变到质变的飞跃，到 2005 年，农业非点源污染控制政策的环境效应开始明显上升，这与图 6-18 中农业非点源污染排放总量在 2005 年出现下降相吻合。但是，农业非点源污染控制政策的环境效应不会无止境地上升，当系统中负反馈回路起主导作用时，农业非点源污染控制政策的环境效应开始趋于稳定。

在农业非点源污染控制政策的效应模拟初期，农业非点源污染控制政策的经济效应曲线，呈现出下降的趋势，这是由于农业非点源污染控制政策实施初期，加大环境污染治理投资力度，政府投入了大量资金，然而这一时期的农业非点源污染排放量减小得并不明显，因此，使农业非点源污染控制政策的经济效应的经济效应下降，同样，到了 2005 年，农业非点源污染控制政策效果逐渐显现，农业非点源污染排放总量开始下降，环境污染治理投资基本到位，从而使得农业非点源污染控制政策的经济效应逐渐上升。

农业非点源污染控制政策对人体健康的影响程度变化趋势类似于农业非点源污染控制政策的环境效应的变化。

6.4.3 农业非点源污染控制政策效率动态模拟结果及其分析

图 6-22 是非点源污染控制政策效率的原因树。如图 6-22 所示，模型中通过考察市场诱导程度、监督有效程度、环保型产品使用程度、农业非点源污染控制政策本身的政策弹性来衡量农业非点源污染控制政策的实施水平。

图 6-22 农业非点源污染控制政策效率原因树

为了与新立城水库流域农业非点源污染控制政策实施的实际情况相吻合，通过搜集数据并应用层次分析法，对模型中衡量农业非点源污染控制政策效率的各个变量赋予不同的权重，以求输出结果更加真实可靠。

监督有效程度是指在政策实施过程中，环保等相关部门对政策实施情况的监督和管理程度，这是农业非点源污染控制政策得以有效实施的保证。如图 6-23 所示，在模拟开始阶段，监督有效程度的模拟行为曲线处于较低水平，这说明在农业非点源污染控制政策实施的初期，政府相关部门对农业非点源污染控制政策实施的监督力度不够。到了模拟的中期阶段，监督有效程度的模拟行为曲线开始以较快速度上升，并且能够基本稳定在这个状况。这说明，在总结了农业非点源污染控制政策实施初期的经验教训的基础上，政府相关部门对农业非点源污染控制政策实施的监督力度加大，从而使得农业非点源污染控制政策效率提高，这与前文中的分析基本相符。图 6-23 中，环保型产品使用程度变量及政策弹性变量的模拟行为曲线运动轨迹，基本与监督有效程度变量的运动轨迹一致，原因也大体相同，在此不再赘述。市场诱导程度与农业非点源污染控制效率呈反方向变化，这是因为，在市场中由于普通低质农药化肥的价格普遍比复合有机肥料低，再加上农民容易被低价所吸引，从而影响农业非点源污染控制政策的实施效率。因此，在制定农业非点源污染控制政策时，必须要集合政府各部门的力量，完善有配套设施，加强对农药、化肥市场的整顿。从图 6-23 中可以看到，当市场诱导程度较高时，农业非点源污染控制政策效率较低。当市场诱导程度降低时，农业非点源污染控制政策效率升高。当市场诱导程度降到最低值时，农业非点源污染控制政策效率达到最大。图 6-23 中，农业非点源污染控制政策效率的模拟行为曲线是四种影响因素共同作用的结果。

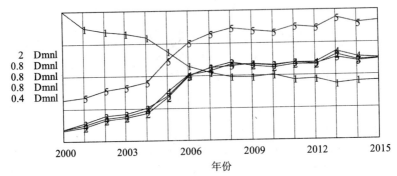

1—市场诱导程度；2—监督有效程度；3—环保型产品施用程度；
4—政策弹性；5—农业非点源污染控制政策效率

图 6-23　农业非点源污染控制政策效率

6.5　基于动态模拟结果的政策建议

从以上系统动力学模型动态模拟分析结果，以及农业非点源污染控制政策产生的环境效应、经济效应、农业非点源污染控制政策对居民健康的影响程度、政策效率的分析看出，农业非点源污染控制政策的各种效应均与非点源污染控制达标程度有关。因此，为了提高农业非点源污染控制政策的效率，减少污染控制政策对环境、经济以及社会的影响，就需要从降低农业非点源污染排放总量和水质达标程度入手，根据农业非点源污染排放总量的原因树图6-17可知，减少氮磷污染量，比如用降低化肥等使用量，加大环境污染治理的投资，提高农业非点源污染处理率，加大农业非点源污染治理力度。总体来说，控制农业非点源污染应从立法、对农民的教育和环境建设三方面着手，最终达到控制农业非点源污染排放的目的。

6.5.1　大力推行科学农业生产经营方式

（1）实施保护性耕作

保护性耕作是相对于传统翻耕的一种新型耕作技术，是将耕作减少到只要能保证种子发芽即可的一种耕作方式。保护性耕作将大量秸秆通过覆盖的方式还田，并且取消了翻耕，使土壤中有机质增加，土壤肥力得到提高，从而可以减少了化肥、农业的施用量。而且实施保护性耕作可以减少地表径流和土壤侵蚀并且有效地防治水土流失。因此，实施保护性耕作可以在一定程度上降低农药、化肥的施用量和土壤中有机物质的流失，降低农业非点源污染负荷，控制农业非点源污染扩散。在山东、河南、山西等地，保护性耕作对农业非点源污染的有利影响表现得十分明显。吉林省新立城水库流域，具备实施保护性耕作的条件，只要因地制宜地引导农民转变耕作方式，必将使该流域地区非点源污染问题得到改善。

（2）科学施肥、施药

化肥和农药是农业非点源污染的主要来源之一。化肥和农药施用量的多少与农业非点源污染程度有极大的关系。为控制农业非点源污染，在倡导科学施肥、施药时应注意考虑以下几方面内容：一方面，应加强农民施肥、施药技术的培训，向农民传达更多关于合理施肥、施药的信息。农民如果施肥方法不当，虽然施用量下降，但由于利用率不高，不但污染环境，还会造成肥料的浪费。在施用农药时，应尽量减少直接将农药喷洒到土壤表面，这样做在减少对土壤污染的同时还降低了由于地表径流过程冲刷作用造成的水体污染。另一方面，改良化肥品种，杜绝低质化肥流入市场。由于市场上一些化肥质量达不到标准，农户只有大量施

147

用低质化肥，以达到增产的目的，这样做不仅损害了农民的经济利益、污染环境，还会养成农民过量施肥的习惯。因此，必须加强对化肥市场的监管力度，规范化肥市场。同时，应提倡农民施用复合肥、新型无公害化肥，将有机、无机肥料配合施用，避免重复浪费，减少化肥对农业非点源污染的影响。

（3）合理灌溉

合理灌溉是减少农业非点源污染的关键因素。具体的技术措施包括：在平田整地、格田建设的基础上发展畦田灌溉；通过对渠道进行防渗处理；重点发展喷灌、微灌和滴灌技术，将节水与增效相结合，实现非点源污染控制的同时，提高社会经济效应。

6.5.2 加强对农民的宣传和教育

由于农民缺乏对自身行为与环境之间关系的认知，而且对自己的行为并不承担责任，因此他们只关心减少化肥农药用量会对作物的产量及质量造成影响，进而会导致收入损失。他们基本不会考虑不合理的施肥、施药对环境及人体健康的危害，绝大多数农民不知道什么是农业非点源污染。因此，首先，政府应加大对农民关于农业非点源污染知识和农业环境保护的宣传力度，使他们意识到自己既是污染的贡献者，又是污染的受害者，提高农民的对农业环境污染防治的意识，使农民自觉参加到污染防治的队伍。其次，在有条件的地区建设农业非点源污染控制示范区，让农民亲眼看到农业非点源污染控制技术在示范区的应用实效，增强农民的保护环境意识。最后，政府要多渠道、多层次、多形式地加大对农民的专业技术培训力度，通过专家定期举办培训班、电视、报纸等大众媒体，使农民广泛参与教育培训体系，使其掌握正确耕种、施肥、施药的方法。并通过政府补贴的方式，激励农民采用清洁生产技术和环境友好技术，以达到减少农业非点源污染的目的。

6.5.3 加快落实农业非点源污染控制政策立法工作

农业非点源污染控制政策法律化是农业非点源污染控制政策发挥实际作用的基础和前提。欧美等一些发达国家已经开始通过农业环境立法来控制农业生产对环境的污染。例如，加拿大出台了农业排污交易政策，并且对农药、化肥征收农业非点源污染源税，来控制农业非点源污染，并取得了较好的效果。由于我国的特殊国情，农民占我国人口的一半以上，而且改革开放以来，农民收入提高速度较慢，增加农民种粮负担可能会损害农民从事农业生产的积极性。因此，照搬国外已有的控制农业非点源污染的法律是行不通的。我国可以借鉴国际上成功的经验，制定一套综合的针对农业环境问题特点的《农业环境污染防治法》，从农业生产要素投入到农副产品加工整个产业链条都有配套的法规和程序保证。例如，在农药和化肥管理上，对化肥和农药生产、销售、施用等各个环节都制定有效的法律措施，并且鼓励农民施用有机肥和能够减少农业非点源污染农药，从源头上控制农业非点源污染。为了控制农户过量施用化肥，可以根据不同的土壤肥力制定不同的施肥标准，对于超出标准的部分增收环境税，其目的是减少农户对化肥的使用量，使农户使用化肥替代品，如有机肥和生物肥料等。也可以在一定程度上，加强农民的环保意识。当然，构建农业污染防控的立法体系是一项重大而艰巨的任务，需要广大的法律工作者和环境等领域的专家共同付出艰苦的努力。

6.6 小结

本章首先概述了系统动力应用的理论及方法，尤其对系统动力学建模过程中涉及的重要概念和建模方法做了全面的概述，为下文的研究提供了理论基础及研究依据。其次本章对吉林省新立城水库流域农业非点源污染控制政策的效率评价模型进行计算机动态模拟。分别对该地区农业非点源污染排放总量、农业非点源污染控制政策效应、农业非点源污染控制政策效率方面进行动态模拟结果分析。并基于模型动态模拟结果对农业非点源污染控制政策提出了相应的政策建议。

7 吉林省农业非点源污染及调控现状调查与分析

为了了解吉林省农业发展、农村建设、农业非点源污染及调控的实际情况，为调控体系的构建提供基础信息，该研究在吉林省范围内选择长春市新湖镇加官村和松原市宁江区农林村进行了实地调研。对农村基本情况、农业生产情况、农业非点源污染来源、农业非点源污染扩散途径、污染现状、农户的行为选择影响因素等方面进行了问卷调查，对政府相关部门进行访谈、问卷，了解政府对农业非点源污染调控的态度和工作部署。经过信息的收集、整理和分析，总结相关情况如下。

7.1 农业非点源污染现状

7.1.1 化肥、农药过量施用

吉林省是我国的农业大省，是主要的粮食产区，全省人均粮食占有量居全国第一位，为此，农业环境也面临严重的农业非点源污染问题。据吉林省农业统计年鉴显示，2005 年，吉林省农作物播种总面积为 495.4 万 hm^2，化肥施用量为 306 万 t，合计化肥施用强度为 6 178 t/万 hm^2，高于全国平均水平，且远高于发达国家为防止化肥污染而设置的 225 kg/hm^2 的安全上限；2000—2005 年，吉林省农业生产中化肥施用强度持续徘徊在 600～700 kg/hm^2 的范围内。可见，过量施用化肥是吉林省农业非点源污染的主要来源。在调查中，调查样本的数据统计显示，所调查区域农业生产个体的化肥施用强度核算为 5 000～7 500 t/万 hm^2，半数以上的农田化肥施用量超过 2005 年的全省平均值，大部分农民都施用复合肥，农家肥使用比例仅为 10%，对于施肥量农民没有科学的判定方法，仅凭经验，且施肥量还有逐年增长的趋势。

农药对环境造成的污染十分明显，农药喷洒后的雨季，农药会随雨水淋落，造成邻近水体的污染。为此，农民对农药使用对环境造成的污染有一定的认识，但缺乏减少污染的方法和技术支持。

7.1.2 畜禽养殖业发展迅速但规模化程度较低

吉林省不仅是国家的粮食生产基地，也是主要的肉牛、肉猪产区。皓月、华正、德大等知名肉品企业带动了吉林省畜禽养殖业的快速发展。肉牛、肉猪出栏量及肉类总产量均呈逐年增加的趋势。在畜禽养殖专业化、产业化、规模化发展的同时，农户家庭分散养殖仍是普遍现象。由于养殖布局分散，导致畜禽粪便随处散落，大部分畜禽粪便未经处理直接经土壤渗漏、地表径流进入水体，污染地表水。再加上使用农家肥的农户对肥料管理不善、沿途堆放，使得炎炎夏日，难闻的气味挥之不尽，污染严重。

7.1.3 生活污水及农业固体废弃物处理率低

调查中发现，农村居民的生活污水随意倾倒在自家院内、畜禽圈内或路旁，村里没有污水集中管理和污水处理系统，污水不经处理直接进入水体。生活垃圾也是随意倾倒、堆放。这些污水和固体废弃物都是农业非点源污染的来源。

调查结果显示，秸秆作为农业生产的副产物，其处理方式与家庭生产结构有很大的相关性。若家庭养殖鹿或牛，则秸秆可以粉碎后全部用来做饲料；若家庭养鹅，则可以消耗青嫩的秸秆用作鹅饲料，对枯萎的秸秆，多用来烧火、取暖。因此，秸秆焚烧也是农业非点源污染的主要来源之一，造成了大量有机营养物质的流失和空气污染。

7.2 农业生产条件——导致农业非点源污染的客观因素

吉林省的农业生产基本还呈现粗放型的生产经营模式。所调查区域，农田灌溉完全依靠雨水灌溉。农田无深耕，普遍的耕作方法是在开春播种前翻垄，将前一年留在地里的秸秆打碎，将原来的垄变成沟，再用扎眼机进行下种、填埋。在加官村，扎眼机的使用率在 2006 年已经达到 60%，具有较高的播种效率，可以一次性完成下种、填埋的工作，具有适当的间间距和较好的保苗效果。

吉林省的养殖业发展较好，养殖品种包括牛、鹿、羊、鸡、鹅等。养殖规模大、数量多的农户家盖有专门的棚圈，但养殖数量较少的农户，几乎都采用散养的方式喂养，导致畜禽粪便随处散落。

农田水利设施缺失，农田产量容易受到天气、降水条件变化的影响，易出现灌溉不足或过度灌溉的情况，导致农田产量的不确定性增加，农业生产效率降低，同时也加大了化肥中营养成分随雨水径流的比例，加剧了农业非点源污染的扩散。

在所调查的行政村内，没有农业技术培训，农民缺乏接受职业技术培训的机会。农民所接触到的农业技术知识大多来源于电视节目。因而，农村教育这一知识、技术传播的途径还未被有效利用，从而也影响了先进技术在农业非点源污染调控中作用的发挥。

7.3 农民行为及影响因素——导致农业非点源污染的主观因素

7.3.1 农民的行为决策基础

（1）农民的农业环境保护意识较弱

对农民的调查结果表明，绝大部分农民对农业污染的认知不全面，对农业非点源污染的概念较陌生。农民认为农药能够造成环境污染，而并不认为化肥的施用能引发环境污染。这种认识上的差异根源于污染源、污染扩散途径、危害方式的显性与否。对于能够直接造成大气、水体污染的污染源，农民的认知较为直观，但对于农业非点源污染这类本身就富有隐蔽性、滞后性、模糊性的污染，农民的认知明显不足。

过量或不当施肥对于地下水造成的危害、对大气造成的危害、对土壤造成的危害（如土壤板结、酸化、盐碱化、对土壤肥力的损害等），在农民中意识还不强。

（2）农民生产行为的环保导向不明确

大量施肥会带来环境风险，而环境污染调控措施又可能增大农业生产风险，因限制投入而影响产量。农民注重产量、厌恶风险，故对环境污染调控缺乏积极的态度，农民倾向于使用方便、省时、省工、不需要配套附加设施的廉价的农作方式和生产技术。总之，农民的生产决策依据是生产成本越低越好，生产收益越高越好。而在现有生产条件下，仅从经济收益考虑问题时，满足上述约束的生产方式多为原始、粗放、短视型的生产方式，是一种通过生产成本外部化来降低农民个人生产成本的生产方式。因而，这种生产方式与农业非点源污染调控的总体目标可谓是格格不入。

（3）农民的农业环境保护技能较差

从"源头治理"的思路去探寻农业非点源污染调控的关键在于农民的施肥行为。提高肥料利用率是防治农业非点源污染的首要工作，而其中的关键又在于确定得当的施肥量、采用合理的施肥方式、确定合理的肥料配比。

调查显示，几乎全部的农民都在以经验为依据确定施肥量，对高产地区进行简单的效仿，只有少部分农民能够将其他生产者施肥量与产量的关系与自己的生产情况作对比，来指导来年的施肥决策。这一结果可以归结为这样几个原因：一方面，测土工作没有普及，因此，农民无法全面了解自己耕种的土地的地力、肥力；另一方面，农民对科学的施肥方法了解不足，有些作物需要深施、分底肥、追肥等，但为了节省人力，农民多采用一次性施肥，导致肥料的肥力不能充分发挥，有效利用率低，这样，既浪费了肥料资源，又造成了农业非点源污染。

在调查中，有 75%的农民认为多施肥与产量增加有直接的正相关关系，但对于如何确定施肥量、分配施肥量，施肥量的分配是否影响肥料的利用率等问题，农民都还没有清楚的认识。农民对施肥量的决策依赖于经验，没有定量的科学依据，对农田增产的渴望成为农民过量施肥的原始动力。在近年的农业生产中，大部分农民的施肥量在增加，而施肥方法和施肥技术却仍不合理，这必将造成大量的资源浪费和环境污染，其根源在于农民对相关知识缺乏了解。这一现状，一方面要求通过农业非点源污染调控技术的进步，为农民实施相关的调控措施提供信息支持和技术支持；另一方面，也要求通过加强对农民的技术培训和相关知识普及，来提高农民的环境意识和环境保护技能。

7.3.2 农民施肥行为的影响因素

过量施肥是农业非点源污染的主要来源，因而，调查中对农民行为决策影响因素的调查主要集中在对农民施肥行为的影响因素调查与分析上。

（1）产量对施肥行为的影响

从农业生产的理性角度分析，当年的农田产量将会对下一年的施肥量有影响。在当年粮食减产的情况下，农民会考虑是否是由于土地肥力不足、作物脱肥造成的，那么来年的施肥量就会相应增加；在当年粮食增产的情况下，农民就会认为当年的施肥量是合适的，于是来年会保持或增加施肥量，以期持续增产。

但调查发现，农田产量对化肥施用量的影响并不显著：80%以上的农民，不管当年产量如何，长期以来都维持同一个施肥强度，有的农户一连 20 年都按照 500 kg/hm^2 的强度进行施肥。造成这种局面的原因除了农民缺乏基本的农业生产知识、作物营养需求知识外，还与当地农田水利设施缺位有很大的相关性。由于缺少农田水利设施，农田灌溉具有随机性、风险性、不可预测性较大的特点，因而农业生产缺乏抗旱抗涝性，气候因素对农业生产的影响给农民对土壤肥力的判断造成了严重干扰，使农民无法根据农田产量调整施肥量。出于对自然风险的规避和对农田增产的期望，近两年农民的施肥行为呈现出施肥量逐年增加的趋势。因而，客观现实对理论逻辑的推理提出质疑。

（2）农田肥力对施肥行为的影响

从理性的角度分析，农民的施肥量应当与农地自身肥力有显著的相关性。由于农村地力差异大，在土地分配的过程中实行分级搭配分配，因而每户的土地都等级不一。对此，理想的施肥方式应该是良田少施肥，贫地多施肥。但调查表明，虽然农户各家的农地都同时包括不同的等级，但农民在施肥决策中并未考虑这种差异性，所有农田都按统一标准施肥。因而，在保证贫地作物不脱肥的情况下，良田必然要遭遇过量施肥。其中的主要原因是农民对化肥施用给环境造成的污染和危害缺乏了解，认识程度的不足必然导致重视程度的不足，就更谈不上自愿、主动地改变行为方式了。农民生性淳朴，使得农民对事物的认识也更注重客观性和可见性，农民对农业污染的认识还只停留在农药、畜禽粪便等显性污染上，农药的大量喷洒会对空气造成污染，在随后的雨季，淋落的农药成分会使地表水呈微黄色，影响鱼类和鸡、鸭等禽类的生长；随意堆放的畜禽粪便会影响农村的空气质量。相比之下，化肥对环境造成的污染则具有更强的隐蔽性、模糊性、潜伏性，过量的、不能被农作物吸收的营养成分会随着土壤渗漏、地表径流进入水体，造成水体富营养化；其后果虽然是严重的，但其隐蔽的扩散方式使农民对化肥的施用放松了警惕。再加上这方面宣传力度的不足，使农民至今还没能认识到化肥施用尤其是过量施肥对农田、农业生产环境造成的影响。

（3）化肥价格对施肥行为的影响

农民对化肥价格的变化并不敏感，导致市场作用对化肥价格的调节机制在农业非点源污染治理方面低效甚至无效。按照经济学原理的典型分析，农民作为农业生产者，其生产经营行为的指挥棒是农业生产过程中的投入与产出。作为理性的经济人，农民必然会考虑生产过程中的成本有效性，在此前提下，农民的生产决策会在若干个回合之后趋于最优。为了从源头上制止农民过量施肥的行为、预防由此引发的环境问题，许多经济学家提出征收化肥使用税的解决方案，即通过政策调控和市场手段加大化肥施用的成本，以此来降低与过量施肥相应的农业生产方式的成本有效性，通过价格机制的作用来引导农民减少化肥的施用。理论上，这似乎是一个完美的证明。但现实中，我们不得不承认，在经历了若干年掠夺性的耕种和利用之后，现在的农田，即便是所谓的良田也不再是仅凭精耕细作就能高产的农田了。

据统计，目前，全球 1/4 的粮食产量都是依靠化肥施用得到的，因而，化肥之于农民就如同粮食之于我们，粮食再贵我们都不得不吃，所以，化肥再贵农民都不得不施。调查显示，目前的农业生产中，化肥投入占农业生产成本的 70%。面对这样一项大比例的支出，农民没有抱怨，成本收益率的变化引来的只是农民对粮食价格低的抱怨。这样一个现实，源于化肥作为主要农业生产投入品的不可替代性。面对化肥在农业生产中的不可替代性，理论上的完美证明受到了强烈的冲击。从这个角度溯源开来，农业污染的根治还是要依靠农业生产技术、化肥生产技术的发展。此外，农业非点源污染的防治还需要加强对合理施用化肥、环保内容的宣传和普及，提高农民的环保意识。

也同样是由于化肥的不可替代性，使得对农民的施肥行为的有效引导面临巨大困难。配方施肥、测土施肥、变量施肥技术是现阶段防止过量施肥、预防农业非点源污染最有效的方法和手段。但是由于测土成本高，难以普及，使得一项有效的措施目前还无法广泛应用。因而，农业非点源污染的防治依赖于技术进步来降低测土成本，使其成为一种简便、廉价、高效的方法。

7.4 政府相关部门对农业非点源污染的调控情况

吉林省的农业非点源污染已经显现，所调查区域的农村生活、农业生产中，农业非点源污染源随处可见，可谓是危机四伏、隐患重重。如果再不采取切实有效的措施进行有针对性的调控和治理，农业非点源污染将会严重阻碍吉林省农业的进一步发展，给省内农村的生产和生活带来更大的经济、社会损失。

对政府相关部门的访谈和问卷结果显示，吉林省的相关主管部门已经针对吉林省的环境污染治理、环境保护工作做出了一定的部署。

为了推进资源节约型、环境友好型社会建设，准确了解吉林省污染物的排放情况，吉林省政府已决定于 2007 年 12 月—2009 年 12 月开展吉林省第一次污染源普查，普查内容涵盖工业污染源、农业污染源、生活污染源、集中式污染治理设施四个方面。专门针对农业非点源污染的解决方案也在逐步落实。自 2008 年 3 月起，吉林省将农业非点源污染调控等农业环保职能划归各市、地区的农村能源站。同时，吉林省新农村建设的远景和近景目标中也都加入了农业环境相关的指标。相比于浙江省太湖、平湖流域以及安徽巢湖流域的非点源污染状况，吉林省的农业非点源污染还没有到令人咋舌的程度，因此，在研究与治理方面，吉林省的研究热度、治理调控的力度都还没有提到其应有的高度，没有引起足够的重视。但从长远来看，防微杜渐总胜于亡羊补牢。

调查显示，省内对农业非点源污染没有实施定点监测，也没有进行定期的指标检测，其监管、调控和治理工作采用根据群众举报进行处理的方式。由于其自身具有隐蔽性、滞后性、模糊性等特点，农业非点源污染不易被发现，再加上农村居民环保意识、环保知识方面的欠缺，使得从污染发生到群众举报之间存在严重的延时，阻碍了农业非点源污染调控的及时进行，以"源头治理"为原则的农业非点源污染调控工作在这种监管体制下难逃低效的厄运。

吉林省的农业非点源污染调控问题在近期作为一项明确的环保任务布置到相关部门，一方面，说明吉林省从监管层面已经提高了对农业环境的保护意识，加大了保护的力度；另一方面，也说明吉林省农业非点源污染调控工作正处在起步阶段，各方面的经验还较为缺乏，调控措施、监管体制、技术支持还不够成熟和完善。也正因为如此，对政府相关部门发放的问卷调查中，问题的回答率仅为42.9%。

由此看来，该研究将有助于将吉林省农业非点源污染调控工作依"源头治理"的原则引向正轨，为相关工作提供理论支持和可行性参考意见。

7.5 吉林省农业非点源污染调控的难点及首要工作

通过对吉林省农业非点源污染情况、农业生产条件、农民行为决策影响因素及政府相关工作情况的调查和分析，不难发现吉林省农业非点源污染调控的难点来源于以下三方面：其一，农民环境保护意识较低，缺乏相关的环保知识；其二，缺乏相关的技术支持；其三，缺乏有效的监管和激励。

为此，吉林省农业非点源污染调控工作的有效实施应该从以下工作入手：

①加强基础教育，扩大基础教育的知识覆盖面，加入环保教育。现在接受基础教育的主体大部分都将成为今后农民队伍的主体，因而，加强当前的农村基础教育对环保知识的普及会辐射于未来农民环境保护意识的提高。

②以相应的经济收益作激励，鼓励农民沿着个人利益与社会利益、经济利益与环境利益"双赢"的生产前沿安排生产，并辅以有效的规避生产风险的渠道和工具。

③大力推进精细农业、精准农业。这是我国农业向现代农业、可持续农业发展的技术取向。从经济效益上讲，不但为高级、精细农产品市场提供了充足的供给，也通过生产高附加值的农产品为农民赢得了可观的经济效益；从环境效益上讲，在精细农业的高经济效益的推动下，农民有足够的激励实行精耕细作，施肥、用药严格遵照科学的施、追方法，进而有助于减少农业非点源污染的来源和扩散。

④构建完善、有效的农业环境知识传播渠道。在信息经济时代，信息和技术的传播可以依赖于多样化的渠道，对于农业环境知识及环境保护技术的宣传和推广，也应该建立在多样、全面的交互渠道上。具体的可以包括基础教育渠道、农技培训站、农业技术的广播电视节目（如富农指南、金土地等），还应当鼓励村民之间的相互交流、相互推介是比较高效的传播途径，从这个角度看，适当建立合作组织能够有效促进知识普及、技术推广和生产效率的提高。

⑤抓试点工程和示范基地，发挥示范效应的作用。农业非点源污染调控的任何一条措施，都需要经历经济有效、技术可行的检验，因而，其所面临的风险是易见的。针对农民所具有的"风险厌恶""抗风险能力弱"等特点，可以通过试点

工程、示范基地等项目来降低相关污染调控项目、措施推广的难度，使其易于被农民接受并自愿实施。

⑥构建系统、全面的农业非点源污染调控体系，以目标为导向，以调控措施为手段，有针对性、有效性地调控吉林省的农业非点源污染。

7.6 小结

本章在实地调研的基础上，从污染现状、农业生产现状、农民行为决策过程及影响因素、政府调控情况等方面分析了吉林省农业非点源污染及调控的现实情况，并分析了当前实施农业非点源污染调控的难点及工作入手点，为下一步调控体系的构建奠定了客观基础。

8 吉林省农业非点源污染调控体系

农业系统是一个复杂的系统，农业非点源污染调控也是一项复杂的系统工程，因而需要因地制宜的实施。随着地理位置、地质条件、气候条件的不同，各地的农作物品种、耕作方式、农业产业结构也有所差异，农业非点源污染的来源及扩散途径也因之不同，再加之各地环境利用、环境保护的历史状况良莠不齐，使得不同地区对农业非点源污染的承载能力有很大的差别。此外，不同地区的农作方式也受历史文化、传统方式的影响，存在较大的地区差异，由此导致农业非点源污染具有显著的地域差异。因此，在调控过程中应该因地制宜采用不同的方法和措施。

该研究针对吉林省农业的发展现状、农业生产条件以及农业非点源污染的扩散情况和污染程度，构建调控体系，为吉林省农业非点源污染调控问题的解决提供基础研究的有效结论和决策支持。

8.1 调控目标

8.1.1 调控目标的设计原则

农业非点源污染调控工作的直接目标是防治农业非点源污染，保护农业环境，为农业的可持续发展创造条件。但农业作为我国的基础产业，还肩负着保障国家粮食安全的重要使命。因此，农业非点源污染调控不能单以环境达标为目标，还要符合我国解决"三农"问题的基本方向，要兼顾农业生产的根本使命和各方收益。为此，可以将农业非点源污染调控的目标设计为以下三个方面。

（1）产量目标

对于农业非点源污染调控问题而言，其基础是服务于农业发展、社会发展，因而其调控目标的制定要以社会总体的发展需要和农业整体的发展服务目标为依据。总的来说，农业作为国家的基础产业，其基本的发展要求就是要维持农业生产的产量稳定。农业作为国家其他上游产业的根基，关系到国家粮食安全，国家稳定，因而污染再严重，也不能像其他产业（或行业）那样予以取缔，或关停并转。不能因为污染而不生产，也不能因为污染而不发展，在生存与发展之间，生存是首位的。但是，在"可持续发展"的方针引领下要同样重视"永续发展"。因而，考核农业非点源污染调控的效果要从动态的、发展的角度去考察；否则，单从环境角度考虑，最优选择便会是"不生产、不耕作、全部退耕还草、还林"。因而，产量目标是其根本的评价标准。其底线是要保证国家的粮食安全。

（2）农民收入目标

在不考虑污染调控的情况下，农民的收入与产量有很大的相关性，因而，基于农民对利益的追求，产量目标的实现有足够的激励。但是，考虑到农业非点源污染调控给农业生产带来的行为限制、成本增加、收益风险，农业非点源污染调控措施的实施有可能会对农民收入造成负面影响，因而，农业非点源污染调控的有效性与农民收入增加之间存在一定的矛盾。农业非点源污染调控目标的实现与否，其重要的决定性因素是农民的积极性和自愿参与意愿，而农民的收入状况又直接影响着农民的积极性。为此，为了促进农民对农业非点源污染调控的自愿参与，有必要将农业非点源污染调控的目标与农民进行农业生产所追求的收入目标相统一。在此，农民收入目标的底线是保持农民收入稳定，其努力的方向是在实现农业非点源污染控制的同时，实现农民增收。

（3）环境目标

由于自然环境具有自净功能，因而，存在着"少量污染"与"治理零成本"共存的事实。由此可见，最佳污染水平并非是零污染。因此，对农业非点源污染排放的有效控制关键在于"环境目标"的设定。

我国目前还没有建立农业和农村自然资源核算制度，现实处在"资源家底摸不清、环境现状搞不明、危机多深测不准，该利用的没利用好，该预防的没预防住"的处境，最终造成资源过度消耗、浪费、紧缺并存的困难局面。所谓过度消耗，即过量施用化肥、农药，无端地消耗环境的自净能力。所谓浪费，即像秸秆，是良好的沼气制造原料，是优质气体燃料的有效供给资源，而农村大部分秸秆以焚烧处理，是对有效资源的一种浪费。所谓紧缺，强调优质环境资源也是一种稀缺资源。尤其在污染日益严重的今天，环境资源愈发紧缺。与其他的物质资源，如石油、金属等相比，环境资源具有抽象、隐性的特点，因而它的价值通常会被人们所忽视。事实上，环境资源对经济效益的影响是巨大的，其潜在的经济效益也是惊人的。

对于环境目标的确立，其基础就在于建立科学、合理、便于实施的农村自然资源核算制度，能够对环境的污染程度、改善程度以及环境对污染的承载力进行有效的定量。在环境监测系统定量没有实现之前，对环境目标的制定还是要依赖于环境范围内的生存、行为主体——人对环境满意度、生活质量满意度的主观测评，以及通过对污染治理成本的测算来等价于环境破坏以及环境维护所需支付的成本。

为此，环境目标可以分为两个部分，从客观上，应该以环境保持成本降低为目标；在主观上，则应该以居民对环境满意度的日益增加为目标。

8.1.2　吉林省农业非点源污染调控目标

按照上面提出的农业非点源污染调控的目标设计原则，吉林省农业非点源污染调控的目标设计应该遵从于吉林省农业发展计划，在确保吉林省农业产量稳定、农民生活安定、稳步实现新农村建设目标的前提下，实施农业非点源污染调控计划。

按照吉林省新农村建设的近期规划，在农业非点源污染调控的同时，也要照常完成农业丰产、农民收入提高等相关经济指标，并在控制流域径污比、减少农业非点源污染排放、缓解流域水富营养化等环境指标上有所改善。故其具体目标如下：

截至 2010 年，全省粮食综合生产能力实现 550 亿斤[①]阶段性水平；农业总产值实现 1 260 亿元；农民年人均纯收入达到 4 350 元；将全省各流域径污比（即该区域河流径流量与排放河网的污水排放量的比）恢复至 20∶1——通常情况下河流具有自净能力的径污比的最低限为 20∶1；农村居民对农村的生活环境以及农业生产环境的满意度达到 85%。

8.2　调控思路

我国的农业非点源污染程度已经相当严重，北京密云水库、安徽巢湖、上海淀山湖等水域受非点源污染影响的程度已经远超过点源污染。因而，我国的非点源污染调控，尤其是农业非点源污染的调控已经成为治理环境污染问题的主要切入点。

从我国目前的情况来看，农业非点源污染的调控还面临着较大的技术限制，使得农业非点源污染长期被排除在环境污染控制之外。再加上农业非点源污染与农户生产行为密切相关，因而农户的生产行为决策对农业非点源污染的排放、治

---

① 1 斤=0.5 千克。

理都有显著影响。而我国农民的知识水平、技术水平、环境意识等方面的不足，以及城乡生活水平、居民素质之间的差异综合形成了农业非点源污染调控工作的瓶颈。在这种情况下，调控农业非点源污染应该遵循以下几条思路：

（1）以农业生产专业化、农业现代化为思路调控农业非点源污染。农业现代化的发展可以有效促进农业非点源污染调控。我国目前的粮食生产水平已能够保证我国的粮食安全，故鼓励加速农业现代化、产业化的进程。

首先，发展农业现代化，可以对农业非点源污染排放进行程序化的监测，有助于建立农业非点源污染的数据化档案，实现实时监控和纠正。同时，农业现代化还可以使播种、施肥、撒药等农作行为具有同一性。农业现代化可以解放一部分农村青壮年劳动力，有助于他们向第三产业或农产品加工业转移，推进农业产业化的进程。

其次，发展农业产业化，可以转移农民对农田高产的期望，在保证粮食安全的同时，以农产品深加工来谋求农业发展。对农业生产进行统筹安排，实施种养结合，合理利用农业生产废弃物，将外部性更大程度地内部化。

最后，发展农业产业化，可能会使农村的部分非点源污染转化为点源污染，进而使农村的污染从单一或绝大比例的非点源污染转移到既包含非点源污染又包含点源污染的复杂污染状态。这虽然增大了污染的强度，但是由于点源污染、非点源污染在调控、治理手段上的互补性，使得复杂污染的治理的边际成本会低于单一的非点源污染；此外，还可以利用点源与非点源污染排放限额的交易等共同治理方案来应对复杂污染。这种思路的实施有赖于对环境总体指标的制定。

（2）以农业清洁生产为思路调控农业非点源污染。推行农业清洁生产，执行相关质量、环境认证，为农业非点源污染调控提供具有可执行性的定量基础和考核办法。这就要求对生产过程的排污情况进行限制，对环境指标进行监测，是"源头治理"原则与"末端项目推进"相结合的农业非点源污染调控思路。

（3）将农业非点源污染调控渗透到整个农业生产生命周期，以产前、产中、产后为线条实施调控计划，即可以按照产前、产中、产后的阶段来构建农业非点源污染调控体系，实现"源头治理"与"末端激励"相结合。

所谓产前，即包括技术培训、技术推广、环保教育、环保意识提高、农民利他心理的增强、相关社会道德意识的增强等，还包括法规、制度设计、标准制定、政策制定、政策传达等方面的前期准备工作。

所谓产中，主要是指农业科技培训部门通过专业人员或农业专业合作组织对农民的产中操作进行实时指导，采用相关设备、技术进行生产、排污监测，有适当的农田水利设施、信息交互设施等作为生产中进行防污、减污、监控的基础设施，也可作为生产投入部分予以考虑。

　　所谓产后，主要是通过生产质量标准、农产品品质要求、市场需求、消费者对农业非点源污染减污相关农产品的认可和消费倾向性的形成来对农民参与调控措施提供末端激励。

　　这种调控思路的实施有赖于农产品安全生产技术保障体系的建立。

　　（4）使农业污染调控发展成为半公益、半盈利行业，实现专业化，实现"双赢"。通过政策鼓励、市场扶植使污染调控项目发展成为半公益、半盈利的行业，实现专业化。引导专门的污染处理企业负责相应项目或农田中某项目的指标监测、处理，将用于后期治污的资金作为报酬维系该企业的运营，在利润不变的情况下，实现社会效益；若能通过专业化的比较优势加快技术改进的速度，在市场竞争的环境下，可以实现治理效率的提高和治理成本的降低，若费用低于农民自己治污的成本，则能实现个人利益与社会收益的"双赢"，会更有效地激励农民参与该项目，将治污任务交由专业企业进行。这种思路和模式可以提高社会整体效益和农业非点源污染调控的效率。

　　依以上农业非点源污染的调控思路，农业非点源污染调控体系的构建可以从技术措施调控、政策制度措施调控、非正式制度措施调控几个方面进行。具体调控措施的分析和构建如下。

8.3　调控措施集

8.3.1　工程技术调控措施

　　（1）农业非点源污染调控技术

　　农业非点源污染的来源众多，且扩散途径呈现隐蔽性、滞后性、复杂性等特征，在治理调控过程中，应该率先实现将调控思路从事后治理转向事前保护。因而，其调控的主体技术是针对污染来源、扩散途径进行作用的。

　　由于农业非点源污染是从农业生产的各阶段扩散的，因而，其技术调控也包含了农业生产中的所有环节，如科学施肥用药技术、缓冲带技术、科学灌溉技术、保护性耕作技术、污染物处理技术等。

　　农业非点源污染的分散性、随机性、隐蔽性、滞后性等特点，使防治工作受到定位、定量问题的困扰。因而，农业非点源污染的有效调控，除了依赖于农作技术的改善和应用外，还在很大程度上依赖于先进的定位技术和信息技术。3S技术的发展和应用为精确农业的实施创造了条件，也为农业非点源污染调控提供了技术支持。其中，遥感（remote sense，RS）技术在农业非点源污染调控中主要应用于土地分类，找出主要的污染源、污染物种类、污染途径；RS及全球定位系统

（Global Positioning System，GPS）结合可获取水文气象、地形地质、土地利用、土壤种类、河流水系等数据，从而为调控提供准确、可靠的信息；地理信息系统（Geographical Information System，GIS）分层处理数据的功能极大地方便了非点源污染的模拟、预测和管理决策，利用 GIS 可模拟各影响因子以及非点源污染的空间分布，从而对不同条件下的污染状况进行识别和管理，GIS 技术与专业模型的有机结合是其在非点源污染控制领域应用的关键。GIS 对空间信息管理的综合分析能力、RS 的空间动态监测能力和 GPS 的高精度定位能力为农业非点源污染调控提供了有效工具。

决策支持系统（Decision Support System，DSS）可以针对农业非点源污染的复杂特性提供科学、有效的决策支持，可以根据给定的气候条件与管理的强相关性，选择有效的污染防治措施。DSS 可以辅助农业非点源污染调控进行方案设计，以实现多目标决策，增强模型的模拟和预测能力。

此外，同位素示踪技术与土壤学原理、计算机技术的结合，能够实现对农业生态系统中物质循环和转化过程及其机理的研究，找到农业生态系统中物质的循环特点及其与作物产量、品质之间的关系，进而确定污染物的运移路径、确定污染范围，为农业非点源污染调控指明方向，针对农业非点源污染隐蔽性这一特点提供解决方案。示踪技术与其他技术的集成还可以实现对污染负荷超标的预警。事实上，示踪技术的发展和应用能够为农业非点源污染调控中计量技术的进步和普及提供有效途径。

可见，农业非点源污染调控工作的系统性和复杂性，使其对技术的需求已经由传统的农业生产技术向现代信息技术、空间技术转变。技术的发展和进步已经成为农业非点源污染得以有效调控的必要前提和基础。

（2）技术取向

农业非点源污染调控技术的研究已经走过了一段路程，面对农业非点源污染的特点和污染现状，它的技术取向已经日益明晰。

其一，大力发展"白色农业"。白色农业指以细胞工程和酶工程为基础，以基因工程综合利用组建的工程农业。白色农业是利用至今尚未被人类充分开发利用的地球上三大生物资源之一的微生物资源宝库，应用科技进行开发，创建微生物工业型的新型农业。发展微生物工程科学，创建节土、节水、不污染环境、资源可循环利用的工业型"白色农业"，是调控农业非点源污染的有效技术手段。该技术取向旨在改善化肥、农药等农用化学投入品的特性，从源头上减小农业非点源污染扩散的隐患。

其二，大力发展污染计量技术，尤其是针对非点源污染广泛性、滞后性、隐蔽性、模糊性特点的污染计量、监测技术。这一技术是农业非点源污染得以定量、经济激励措施得以实施的基础。

其三，大力发展信息技术，努力推进精确农业、配方施肥的实现。

8.3.2 政策制度调控措施

农业非点源污染源自农业生产过程，农业非点源污染行为是农业生产经营中相关利益主体在现有制度条件下的理性行为。因而，要想从根本上治理农业非点源污染，就必须从制度层面做出调整，因地制宜地进行制度设计，并运用经济激励措施，引导农民进行合理的行为决策，避免因环境问题的外部性导致资源配置低效。

目前，较为成型的调控农业非点源污染的制度、经济措施包括以下三大类：政府引导型措施、经济激励型措施、市场引导型措施。

（1）政府引导型措施

农业非点源污染源于农业生产和农户的生产行为选择，涉及农业生产、农业环境、农业经济、农村建设、农民生活等多方问题，因而，其调控过程势必会对农业生产安排、农业经济发展、农民生产收入、国家粮食安全等重要问题产生直接或间接的影响。因此，在复杂的社会系统中处理农业非点源污染问题，需要政府参与，需要政府给予明确的政策导向，充足、及时的财政支持和切实有效的监督管理。政府引导型的农业非点源污染调控措施分析如下。

①"命令—控制"措施。命令—控制工具是一类传统的政策工具，它的控制基础是法律法规以及自上而下的行政命令。命令—控制工具具有强制性，通常会对不遵守者进行制裁，因而具有权威性，其执行效果也具有确定性。如美国的清洁水法案、英国的化学碱法案、环境保护法案，以及1989年欧洲出台的专门针对农业非点源污染治理的法案都是命令—控制措施的应用。

如今，命令—控制措施已经成为非点源污染治理方面直接管制手段的统称，还包括强制执行的排污标准以及与之相对应的奖惩措施。欧洲对农业非点源污染的防治多采用命令—控制措施。在农业非点源污染调控方面，日本通过制定《公害健康损害补偿法》，建立了比较完善的环境外部性损害补偿体制，是命令—控制措施典型的应用实例。而在我国，相关的立法项目目前还是空白。但参照该项措施在国际上的实施效果，制定相关的法律法规、设计相关的环境标准应该提上日程，为农业非点源污染调控的有效实施提供法律依据、行动准则和政策保障。

②国家财政支农措施。农业非点源污染调控所需的基础设施、技术设施，从消费的排他性、竞争性角度看属于公共物品范畴，其购置成本较高，但个体利用的频率不高，因而，这部分设施的供给适宜由政府支付来完成。此外，农业非点源污染调控与否的主要差异体现在社会效益、环境效益上，因此，政府应该是农

业非点源污染调控设施的主要供给方。为此，国家财政支出预算应该合理规划农业发展需求，将农业环境保护所需的支出纳入促进农业发展的预算中去，并加大对农业非点源污染调控工作的扶持力度。

③选择正确的调控切入点。农业非点源污染的调控工作，其效用是通过农民生产方式的改变来发挥的，而这一改变，事实上将会带来农业生产、农业发展的变化。因而，其调控工作实施的切入点的选择，将决定着整个调控工作，行为主体的主要行为准则是"利他"还是"利己"。当强调环境效益，以减少污染排放、保护农业环境为宣传或行为目的时，调控措施有效与否就取决于该措施能否有效地调动农业生产者、决策者的"利他动机"，能否激励行为决策者将环境效益、社会效益优先于个人经济利益最大化原则；当整个调控措施强调的是行为决策者的个人利益，如增加产量、提高收入、提高生活质量、美化环境等，这些生产方式改变的后果将会从根本上激励行为决策者生产方式的改变，此时，该措施有效与否实际上依赖于该措施能否有效地调动行为决策者的"利己心理"。利己心理要比利他动机更为稳定，因而，在调控工作中，了解、熟悉、掌握行为决策者决策的关键依据，从有利的角度引导农民的生产行为决策，将有助于更快、更有效地解决问题。

④政府必须参与调控。农民对农业非点源污染调控参与状况的博弈分析结果表明，政府的直接参与对农业非点源污染调控的影响将是显著的。政府参与的一个重要角色就是监督、管理。在存在政府监管的条件下，农民将放弃（不参与，不参与）的非纳什均衡，且监管力度越大，参与与不参与之间的支付差异越大，相应的监管就越有效，对农民参与农业非点源污染调控措施的激励就越大。为此，政府必须积极参与到农业非点源污染调控中，并通过科学、合理的制度设计、机构设置来加强监管力度、降低监管成本、提高监管效率，以保证调控工作顺利进行。

⑤促进农村非政府组织的建立。政府应该鼓励农村在凭借自身资源的基础上，依靠政府的政策导向、农业部门的科技引导和经营管理指导建立非政府组织，如农业科技合作组织、农业生产合作组织、农业科技服务组织等。其一，可以促进环境保护知识和减污生产技术的传播和推广；其二，通过组织的统一管理经营，减少调控工作中的交易成本，在组织内部实现信息共享、资源共享、风险共担；其三，组织的建立有助于使分散的利益主体以一定的利益分配模式形成利益相关体或利益共同体；其四，在组织内部可以以俱乐部模式解决相关的公共物品供给问题，降低技术、设备的引进成本，实现风险共担、成本共担。

（2）经济激励型措施

在农业非点源污染的调控中，应该正确面对农民角色的特殊性和多面性。在农业非点源污染中，农民同时扮演排污者和受害者的双重角色，因而，在调控过程中，成本最低的方式就是使农民认识到他们在农业非点源污染问题中的处境，让他们能够综合经济收益和社会、环境收益，短期收益和长期收益，全面衡量农业生产中的成本和收益。

将农业非点源污染的外部成本内部化，就意味着将环境成本计入农业生产的私人成本中去，因而，这种内部化的过程需要一定的激励。在激励方面，市场是有效的，因为对于以生产获利为目的的生产者而言，经济激励的效用是最大的，它能够直接触动农民生产的根本动机。

经济激励措施实质上就是价格机制，是国家根据生态规律和经济规律，运用价格、成本、利润、信贷和利息税收等经济杠杆，以及环境责任制等经济方法，向污染者提供的一种非强迫性的、具有灵活选择性的手段，以限制破坏环境的经济活动，促进有利于环境改善的经济活动，它具有灵活和高效的特点。实施思路从约束主体考虑主要有两个，其一，对环境保护者进行奖励和鼓励；其二，对减少农业非点源污染的农业生产者实施奖励，或对因减少污染排放而造成利润减少或成本增加的农业生产者进行补偿。具体措施如下：

①污染治理基金。污染治理基金最早的开发和应用源于美国。1979年美国通过的清洁水法案将水污染治理列入到国家的财政预算中，由国家出资500亿美元建立清洁水基金，将此作为种子基金，来吸引其他机构、企业投资参与，供农民、企业或地方政府以无息或低息贷款的方式开展非点源污染治理工作。同时，基金可以通过购买上市的环境公司的股票来规避风险或获利。目前，除污染治理基金外，环境证券、环境责任保险等环境金融工具也在不断的开发和试运行中，但其对污染治理的效果不如污染治理基金那么直接，且使其有效运行的相关制度和政策也有待进一步研究。

污染治理基金的运作与成熟，依赖于市场及市场参与者对环境问题的重视和统一认识，需要国家财政以适当的财政政策、激励措施促使其运作的起步，并为基金管理的程序化、市场化护航。基金项目涉足环境产品，对市场有效性和成熟度有较高的要求。

②发放补贴。农业污染补贴实质上是在农业环境问题日益凸显、农民旱涝保收能力日益增强、农业保险制度日益完善的背景下由原先的农业补贴演变而来的。面对农业污染矛盾的凸显和农业相关法案的不足，有关部门设计了农业污染补贴计划，通过设置一些强制性条件，要求受补贴的农民自觉检查自己的农作行为，定期对自己的农场所属的野生资源、森林、植被进行情况调查，对土壤、水质、空气进行检测，限期向有关部门提交报告。政府再根据农民的环境保护行为来决定是否对其给予补贴、补贴多少。农业污染补贴将保证农民收入稳定与改善环境

质量的社会目标统一起来，因而具有较强的社会可接受性。借助污染补贴政策，政府对排污者或潜在排污者提供资金、贷款或减免税等形式的资助，帮助或激励其减少排污。

但经济学家并不主张使用污染补贴来控制污染。原因有二：其一，它违反了经济合作与发展组织（OECD）"污染者付费原则"的初衷；其二，长远来看，对污染者实行补贴有可能导致污染的增加。因为一方面，从短期看，在实施污染补贴政策的情况下，生产者如果继续排污，生产的边际成本就会增加，市场竞争迫使生产者减少排污。但受污染控制技术所限，排污减少就伴随着产量减小，于是产品市场供给的相对减少会引发价格上涨，反而激励了其他企业对该市场的参与；另一方面，污染补贴还可能成为排污者收入的一部分，而使产业的生产收入增加，也会吸引其他生产者进入。此时，尽管单个企业排污减少，但整个产业的总排污量却高过从前。可见，污染补贴在污染治理上并不具有长期有效性。因此，逐步减少补贴已经成为全球范围内的趋势。但在污染调控的初期，尤其是面对吉林省目前的实际情况，农民对农业非点源污染调控中的风险估计过高，风险规避意识过强，调控措施的有效性、稳定性还有待考证，因此，通过污染补贴对农民参与农业非点源污染进行一定的激励或补偿，有利于调控措施的实施和推广。

③环境税收。环境税收最初以排污种类和浓度为征税对象。随着研究的深入和实际的需要，环境税的征税对象已从排污扩展到与污染相关的生产投入。目前已经使用的有二氧化硫税、碳税、燃料税、销售税等。环境税收政策还包括对与环境保护有关的基本建设进行的减免税收政策。目前，研究较多的是一种演变的税收政策，即可变调控政策，指污染调控机构对超过给定排污标准的排污量征税。所征的税率足以使生产者理性地选择不超过排污标准。这一政策使每个污染者都面对一个修正后的边际激励，如：税率与参与污染调控的边际收益相等，进而有效地消除了非点源污染治理中"搭便车"的现象。

在可变的调控税收政策中，采用的税率是增加污染调控的边际收益和预期的环境改善的函数。这种税会诱使所有的污染者采取必要的措施保证实现社会最优的排污水平。该政策实施的关键是控制税率，使其高于控制污染的边际成本，以保证政策有效；否则就应该选择对排污的全面征税。环境税的实施效果还随监测程度的不同而不同。在完全监测时，政策通过排污税进行全面影响，排污税等于污染的边际损失，环境税为零；当零监测时，环境税就与边际损失相等而排污税为零。在部分监测中，最优的混合政策是两者的结合。

环境税、污染税的征收要以科学、可信的污染监测数据为依据，同时，还依赖于成熟的市场机制和市场氛围，在这方面，吉林省还应当加强对污染源的监测、对污染扩散途径的跟踪，以充足的污染定量信息为环境税收措施的实施提供平台。

④收费制度。收费制度是指政府对从事污染环境行为或接受某种服务的特定的经济活动的当事人收取费用。包括排污费，即按照超标的排污数量和质量对排污者收费；使用者收费，即使用者为污染物集中处理支付的费用；产品收费，即对生产和消费过程中产生污染的产品收费等。预付金返还制度是一种特殊的收费制度。在这种制度下，一旦具有潜在环境危害的产品进入生产过程，生产者就必须支付一定数额的押金，押金金额等于潜在的社会成本；随着生产和消费过程的进展，这一押金在生产成本、消费价格中逐级传递，直至最终消费者把废弃物交给指定的处理中心，获得押金返还。这一制度有效地将难度较大的排污监督转换成生产者和消费者的自觉行为，促使消费者采取更有利于环境保护的行为。在农业非点源污染的防治措施中，预付金返还制度可以有效地应用于农膜回收，减少农膜残体对环境造成的污染。

排污收费的费率应当等于污染所造成的外部成本。这在一定程度上对外部成本的评价提出了要求。我国和一些国家早期排污收费对污染治理的失败就源自费率过低，使排污者宁愿交费也不愿减污。

有些地区在实践中依不同地区污染水平的差异设计不同的农用投入品收费费率，试图更有针对性地解决农业非点源污染问题。但实践证明，基于农民的同质性，对同一投入不同收费的强制不具有可持续性，尤其是基于农业非点源污染的生产函数，除非市场是可分割的。否则，享受低价的农民会将投入品在市场上高价卖出，通过套利使市场价格趋同。如果投入的价格在买者中不可变动，那么最低成本的目标就无法实现。

在农用投入品收费政策的实施过程中，关于"所有非点源生产函数都一样"的假设对执行投入税和投入收费的政策是必要的，没有这一假设，污染排放就不能与投入相联系。由于无法确定非点源生产的生产函数，相关的政策收益也无法确定。可供参考的政策无法按照环境有效性进行排列，因而最优政策也无法确定和实施。收费标准要依据非点源污染的生产函数来确定，由于非点源污染的函数随着污染物的排放而变动，因而单一的收费已经不再是最优的选择。

⑤排污权交易。排污权交易最早源于美国，并在二氧化硫污染、含铅汽油对大气的污染、水污染等项目上有广泛的应用。它实质上就是一种将允许的排污量以内的剩余排污权在市场进行交易的制度。这种制度使生产者能够根据自己的污染调控成本做出排污量的选择，同时把社会总排污量限制在一定的水平。

排污权交易在点源污染和非点源污染调控中都有应用实例。在项目实施中又分为排污许可交易和污染信用交易等。

排污许可交易在非点源污染方面的应用较为复杂。变动的边际损失要求有不同的许可交易率，此外，排污的不可观测性使管理者难以清晰地界定排污者和排污许可持有者。为了增强非点源污染排污许可证的可交易性，一种可能的修改办法就是使排污许可限于地区使用，基于当地土地过滤率，使排污更易监测。

市场参与者的数量会影响该机制的成本效率。为了防止农民利用市场工具进行垄断，需要对农地规模进行合理分配。农地规模的初始分配可以激励农民通过改变土地使用情况来获得最大的收益分配。这也正体现了产权对于资源优化配置的激励作用。

在当前情况下，点源污染的治理成本显著高于非点源污染的治理成本，因而点源与非点源协同控制就逐渐成为市场趋势。污染信用交易允许减污成本高的点源污染量与减污成本低的非点源污染信用进行交易，以此来减少总的污染量。即允许边际成本递增的工业点源污染的处理者以控制农业非点源污染的行为来代替对点源污染的更多的控制，以此提供了一种在自愿原则下的农业非点源污染调控方案。

污染信用交易设计的关键是交易比率，即点源控制相对于非点源的比率设计，因为它直接影响到交易的参与率，调低这一比率可以鼓励更多的非点源控制。此外，风险意识的不同也对交易设计和环境绩效产生影响。

美国已有五个污染信用交易的项目，但没有交易。这种理论上的成功与实践中的失败源于现存的几个问题：其一，点源污染者要为污染控制付费，而农民作为非点源污染者只需要为防止污染付费，两者间责任范围和产权的差异，使市场边际成本价格无法设定；此外，潜在的参与者对如何通过交易获利以及交易的成本有效性认识不足，阻碍了交易的进行。其二，由于投资于设备的成本要比参与交易的成本更低，点源污染者更倾向于以通过改进设备减污来替代参与交易。其三，污染信用交易中，固定的交易比例在降低交易成本的同时削减了边际成本收益。这些问题的存在，使最终允许的排污超过了期望排污水平，造成污染信用交易在环境效益上缺乏有效性。污染信用交易真正发挥作用还有赖于以上问题的解决。

污染信用交易实施的前提是污染者认可污染调控行为，进而通过参与污染信用交易为污染调控寻找成本更低、效率更高的调控方案。因而，污染信用交易的推广需要建立在行为主体环保意识的提高、对污染调控的认可及积极参与的前提下。

⑥完善产权制度。在农业非点源污染调控中，通过产权制度方案进行调控是难度较大但预期效果较好的。其实施的关键在于产权明晰成本的控制以及产权明晰后收益分配方案的制定，这在很大程度上影响着产权制度的效用发挥。明晰环境资源产权，或通过产权分离，将所有权、使用权、控制权等分治，并控制产权分配的成本，以此来有效激励农业生产者提高环保意识，加快环境友好型农业生

产方式的普及。

同时，稳定产权分配状态，赋予农民一定的产权保障，使其能够在生产中考虑长期收益，避免短期行为。在产权制度设计上，需要针对农业非点源污染的特点及其治理的复杂性，提供相应的产权组合，使农民在享有农地使用权的同时，承担相关土地、水域的保护责任和污染治理责任。

（3）市场引导型措施

农业非点源污染调控是一个环境问题，但同时也是一个经济问题，涉及国家、涉农企业、农民等多方的利益，因而，这一复杂矛盾的解决不但要依赖于政府的引导和支持，在市场经济环境下，该问题的有效解决还有赖于市场工具的调节。因为，市场是一个多方利益主体博弈的平台，它也是综合、全面地反映问题各方矛盾的平台，通过市场激励、市场引导来解决矛盾可以提高调控效率。具体的市场引导措施包括以下几个方面：

①建立健全市场机制。农业非点源污染的有效调控对市场的成熟度有较高的要求，因而需要加快市场化的进程，而加速市场化进程要求建立健全市场机制。针对农业非点源污染调控问题，应当建立健全市场的污染调控机制，充分利用市场调节，通过价格、成本收益率来调控生产安排，并促进生产方式的改善，促进环境友好型的生产方式的应用及推广。

健康、完善的市场机制能够为农业非点源污染调控提供有力、有效的市场激励，能够提供良好、顺畅的信息传播和交互途径。在调控工作中，信息成本占交易成本相当大的比例，因此，应该规范信息披露制度，营造良好、畅通、健康的信息传播途径，做好信息管理、信息交互和信息共享。同时，信息披露制度的完善也可以保证农业非点源污染调控相关的环境污染指标、技术信息、市场运营状况、市场趋势等信息的交互与传播，能够降低管理难度、降低交易费用、有助于加速相关措施的效果体现和应用推广。此外，信息披露制度的完善还可以降低政府相关部门的监管阻力，减小农民采取调控措施的阻力。

②完善农村金融制度，创新农村金融品种。农村金融的发展与需求随地区不同、农业发展水平不同而呈现出发展阶段的多样性。同时，现阶段，农村金融工具的使用普及率也与当地人们对金融市场、金融产品的认知水平、经济状况、发展需求有关。因此，在我国，农村金融业出现了明显的地域差异。在浙江，农村金融项目供不应求，在正规金融机构无力满足市场需求、纷纷撤离农村的情况下，非正规金融在一定程度上满足了民营经济多层次的金融需求，对经济增长的高效率作出了贡献。而在其他地区，农村金融从市场意识、市场需求、政策支持到有效供给，都呈现出明显不足，使得许多能够通过农村金融市场得以有效解决的问题不得不搁浅。

农村金融对农民异常重要，完善高效的农村金融市场不仅可以提高农民收入和福利水平，而且能够减少农村中的贫困人口，缩小贫富差距。从这一角度看，农村金融制度的完善应着眼于消除利率管制、降低交易成本、避免逆向选择等方面。

农村金融市场的完善，可以有助于解决农业非点源污染调控中因资金不足而造成的无法参与、风险厌恶或准公共物品供给不足等现象，以农村金融市场为中介，完成农业非点源污染调控中的融资问题。通过增加农村信贷市场外部资金的输入、缓解农民金融抑制的程度，大幅提高农民的福利水平。

在尽快完善农村金融制度的基础上，还需要加速农村金融项目的创新，增加服务领域和服务方式，利用金融市场解决农业非点源污染调控过程中相关公共物品供给的融资问题。

此外，通过金融创新，设计与农业非点源污染调控相关的指数，并使其进入金融市场进行交易，以吸引和激励相关的生产者和消费者关注农业非点源污染及其调控情况。事实上，农业环境质量对农产品的产量，具有长期的必然联系。随着农业生产的进行，农业污染日益加剧，一段时期后，排放的污染就会影响土壤的肥力、影响邻近水源的水质，进而影响农田生产力和农产品产量。由此，也会在需求一定的情况下，影响农产品的市场价格。但是，由于农业非点源污染自身的隐蔽性、滞后性、模糊性等特征，使得环境质量对农田产量的影响具有延时效应，因而，相关指数的确定还依赖于大量数据的监测和相关技术的进步。

可见，完善农村金融制度、创新金融品种可以有效地吸引民间资本进入，提高公众对农业非点源污染调控问题的关注度，扩充农村公共物品供给资金的有效来源。

③开发农业保险项目。在符合 WTO 规则的"绿箱政策"框架内对农业和农民提供财政支持成为我国政府明智和现实的政策选择，政策性农业保险（或对农业保险的政府补贴）就是可供选择的政策之一。任何农业保险制度都会对农民的农业生产决策产生影响，进而影响农民的农业生产方式，包括影响农民化学要素的使用决策和使用方式等，从而引起农业生产资源利用的变化，影响农业生态环境质量的变化。

正因为农业保险制度能够通过影响化学要素施用量或种植面积等农民生产行为方式对农业生态环境产生正面或负面的影响，因此，农业保险制度的确立也能够通过这种直接或间接的影响对农业非点源污染调控起到不可小视的作用。为此，进一步研究农户生产决策行为，特别是农用化学品的投入与具体农业保险条款之间的关系，制定出既能够对农业和农户提供保护又不对生态环境造成负面影响的政策性农业保险制度，将成为农业非点源污染调控措施研究中的新突破。

前面的行为经济学分析表明，农业保险制度的完善，农业保险项目的开发和推广，将有助于农业非点源污染调控措施的实施，尤其可以促进农户自愿参与相关措施。

农业保险项目对农户生产行为产生影响的经济学基础在于：农业保险制度通过改变某种作物的边际报酬，来实现对该作物播种面积的增加或是减少。同理，农业保险项目也可以针对某种农作方式提供相应的保险项目和政策，以激励农户采用该农作方式，对于由此产生的生产风险，将会由保险项目通过理赔予以补偿。农业保险制度在农户追求利润预期效用最大化的过程中具有与生产要素同样的性质：当农户实际产量低于既定的临界产量时，农户将得到一定的理赔。

在新疆农业保险项目中，保险合同规定的理赔额是平均物化成本的一定比例，理赔额的多少与产量没有关系，因此，农业保险实际上就是一种成本保险，它不保证盈利，但会为因生产风险导致的亏损进行补偿。

在农业保险制度的实施下，当农户实际产量低于保险合同规定的理赔临界产量时，农户的纯收入为接受保险公司理赔后的纯收入；当农户实际产量高于理赔临界产量时，农户的纯收入为生产所得减去保险成本之后的纯收入。实际上，农业保险与农业生产要素投入之间的互动关系取决于生产要素的风险类型，即抗风险性，或是风险增加性。若为抗风险性的生产要素，则随着该种生产要素投入量的增加，农业保险制度下农户的纯收入将随之下降，因为抗风险要素的使用导致产量波动性下降，从而实际产量低于临界产量的概率将下降，农户获取保险公司理赔的概率也减少。相反，如果是风险增加性的生产要素，投入量越大，其带来的产量波动性将增加，从而实际产量低于临界产量的概率将会增加，农户获取保险公司理赔的概率就增加。

由于道德风险的存在，随着农业保险理赔产量水平的提高，农户化学要素投入量就会减少，实际产量水平低于临界产量的可能性就会增加，从而获取保险理赔的概率增加。

农业保险项目对农业非点源污染调控的作用的发挥，关键在于保险项目中理赔产量水平的设计。可以适当提高农业非点源污染严重地区的理赔产量水平，降低环境威胁小的地区的理赔产量水平，进而对农户生产行为方式（主要指农作物种类选择、耕种方式选择、边际土地的开拓以及农用化学要素投入量的决策等）进行调控。这种农业保险制度对农业非点源污染调控的辐射作用是一种典型的市场激励性的调控方式，它可以有效地将农业环境优良地区的保金转移到农业非点源污染严重的区域，以弥补农户因采用有益于环境的生产行为而造成的经济风险乃至损失。通过保金的转移，也实现了环境资源在社会内部的公平分配。理赔产量水平的合理设置，不仅可以有效地激励农户参与调控措施，抵消这类措施实施带来的经济风险，还关系到环境资源的合理分配问题。从以上分析中可以得出，对农业非点源污染严重的区域设施高的理赔产量水平是明智的选择。其中原因有二：其一，能够吸引农户参与农业保险项目，降低该项目的进入门槛；其二，给农户足够的补偿（或激励），使其采纳农业非点源污染调控措施。因而，农业保险制度的有效利用可以实现既有利于农民稳定农业收入，又有利于农业非点源污染的有效调控。

农业保险制度的实施必然会对农户的生产决策行为造成影响，但其影响的方向、影响的程度不但取决于农户对生产风险的认识、对风险的承受能力，还取决于农业生产行为的风险性。因而还需要进一步完善相关的研究。

在当前情况下，农业保险制度的实施会对农户的施肥行为有所影响。从施肥行为而言，施肥不足与过量都将使农业生产面临减产的风险，但农业非点源污染调控对施肥行为的目标是"不过量"，因而，若想在农民主观上将农业保险等同于对"因施肥不足而造成减产"的补偿，还需要以农民环保意识的增强为基础，需要农民对农业非点源污染调控工作有主观上的认可和倾向性。环境目标的实现，不能单靠农业保险项目，它只是一种市场激励型的措施，是一种"拉力"，还需要相应的教育项目、动机达成、宣传项目为农业非点源污染调控施加"推力"。

④市场定价的"末端激励"。农业非点源污染调控措施的实施需要遵循"源头治理"的原则，但也同样需要"末端激励"来促进。可以在区分农产品生产是否排污的基础上对农产品进行区别定价，将农业生产中的污染调控成本考虑进去，以市场对减污产品的更高定价来实施激励。

⑤消费者的"需求激励"。提高全民的环保意识，提高消费者在消费过程中对减污产品的偏好，增加消费者对减污农产品的需求，通过市场需求激励农民增加对相应农产品的生产，进而促进农民主动实施清洁生产，减少农业非点源污染的排放。在这方面，有机食品的推广模式值得借鉴。可用相关的质量评价标准为约束来监督、促进农业生产方式的改进。这种激励实质上是利用产品差异性对市场进行的细分实现的。

通过市场、定价、消费倾向的转变、质量监督的完善来引导农民转变生产方式，有助于实现经济与环境、农业生产个体与社会的"双赢"。

8.3.3　非正式制度调控措施

（1）教育与自愿参与

①教育对农业非点源污染调控实施的重要性。通常情况下，环境保护的基本力量是公众和政府。从西方国家环境保护运动发展的历史看，公众的环境意识决定着环保运动的发展进程，决定着政府治理环境问题的力度，甚至在很多情况下

是公众在推着政府走而不是相反。因而做好宣传和教育工作，提高农民的环保意识，激发农民参与农业非点源污染调控的动机以及监督环境状况和政府工作的动机，对农业非点源污染调控成败起着至关重要的作用。

事实上，教育可以通过增强人们的环保意识，来强化"良心效应"，进而提高道德规范对行为者的约束，这也是一种有效的外部成本内部化的方法。

环境污染是典型的外部不经济问题，而治理污染要求排污者改变其行为。农业非点源污染的特点决定了"源头治理"的原则，因而其调控措施的实施大部分都依赖于农业生产者的自愿参与。因此，农业生产者的参与程度决定了调控效率。在美国各个州和联邦的非点源管理实践中，教育都起着重要的作用，尤其是在最近的清洁水法案计划中。

②在农业非点源污染调控中教育的内容。在农业非点源污染的治理方面，教育的方式可以包括示范工程、技术辅助、研讨会、实践日等。其内容包括使农民认识到自身的农作行为对环境造成的负面影响，减少污染行为；使科学施肥、科学灌溉、保护性耕作等农技知识和先进技术得到普及，应用于生产实践中；使农民有效地认识到既降低生产成本、又减少污染排放的"双赢"生产前沿面的存在，正确认识减污生产实践的风险，激励农业生产者沿该生产前沿面进行生产决策，从而自愿采用农业非点源污染防治技术和替代性的减污生产方式，实现农业非点源污染的源头治理。

但教育要想实现预期的功能还依赖于获利能力、利他动机、生产者对风险的认识和评价等因素。对宾夕法尼亚农业生产者的调查表明，利他动机对生产者生产决策的影响是不稳定的，私人收益性才是生产者采取环境保护措施的主要动力。作为理性经济人，农业生产者不会自愿选择净收益减少的减污生产方式。因而教育除了要告知现状、传播技术外，最重要的是说服农业生产者某种实践能够最终增加他的私人净收益（经济的或非经济的）。

③教育的特点。与命令—控制工具和经济激励式工具相比，教育是一种可接受性强、效率高、良性且成本较低的干预，还可以告诉生产者如何获得更高的收益，因而具有很强的指导性和实践性。与此同时，我们应该认识到，若社会有效收益只能通过减少生产者的净收益来实现，则教育在实现污染调控预期标准方面就显得无效。因而，单纯的教育无法直接增效于农业非点源污染调控，当与其他激励措施、直接命令措施结合使用时，教育才能指导生产者以更低的成本实现污染调控的目标。

④教育能够为农民自愿参与调控措施提供有效激励。根据科斯惯例，污染者带给受害者的外部性与受害者带给污染者的成本是完全均衡的。在现实应用中，这种惯例的阐述指的是在对污染进行治理的前提下，由受害者带给污染者

的成本就是为了治理污染而给污染者（生产者）造成的成本风险、成本增加或是收益减少。

在农业非点源污染问题中，受害者指的是包括农民在内的受农业非点源污染所影响的所有居民；而污染者则是农民。因此，农民既是污染者，又是受害者。一方面，农业非点源污染会通过雨水淋溶、土壤渗漏、地表径流等途径污染邻近的水体，对周边居民的饮用水安全造成威胁，并具有降低环境美观程度、影响居民生活质量等负面影响；另一方面，农业非点源污染也直接影响农地质量，造成农田盐碱化、土壤板结等后果，降低农地的生产能力，直接影响农民的生活质量和农村生活环境。

鉴于农民在农业非点源污染中的双重身份，加强农民对农业非点源污染的认识，提高农民的环保意识，能够为减少农业非点源污染排放起到重要的调节作用。因此，教育在调控农业非点源污染的过程中是非常重要且必要的环节。教育能够更有效地将农业非点源污染的外部成本内部化，为其调控提供更有效的激励。

（2）信仰、道德准则和责任约束。在美国等一些发达国家，除了"命令—控制"措施和经济激励式措施以外，人们的信仰、道德准则以及社会责任的约束，在减少非点源污染行为方面也起着很大的作用。虽然这也是一个可以利用的工具，但这对社会文化、历史背景的依赖性较大，也并非在短期内可以改变，因而，这一方法在有些国家实施成本几乎为零，但在有些地区实施成本还是非常高昂的，在很大程度上与教育相结合，因而这一措施并非是广泛适用的，但却是调控措施努力的方向，因为通过信仰、道德准则和责任约束对污染行为进行约束、限制和减少是众多调控措施中成本最低的。

（3）非正式制度措施的分析和比较。通过以上分析可知，在农业非点源污染调控的众多措施中，教育手段是相对温和、良好、长效、低成本的方法，它还可以促进信仰、道德、责任等其他非正式制度约束作用的发挥。因此，教育应该作为长期的调控措施来实施。其具体的实施方案包括基础教育和职业教育两个方面。其中，通过普及农村基础教育、完善教育内容，提高农业生产者以及潜在农业生产者的文化水平和综合素质，提高农民的环境保护意识，进而使农民对农业环境抱有责任感，对其生存、生产所依赖的农业环境富有主人翁意识；通过加强农业技术培训以及相关的职业教育，来推广先进的农业生产技术，对农民在生产中遇到的问题、困难予以解答和处理，使农民具有减少农业非点源污染排放的技术水平。

相比之下，信仰、道德准则和责任约束对人们的行为选择的导向性更明确、更持久，通过这类非正式制度约束实施的环境保护、农业非点源污染调控工作成本更低。但这类约束的形成依赖于社会长期以来的文化底蕴和历史遗留，在我国农村的现状条件下，依靠这类约束实施农业非点源污染调控在短期内还无法实现有效调控，其形成需要较长的周期和漫长的历史积淀，但作为一种长期的投资，相关的宣传、教育、道德养成还应该持续地进行。

8.3.4 农业非点源污染调控措施集

经过农业非点源污染调控相关的理论分析和博弈分析，结合现有的污染调控的技术发展水平，可将农业非点源污染调控可供选择的措施集总结如表 8-1 所示。

表 8-1 农业非点源污染调控措施集

分类	调控措施		关键点/前提条件
技术措施集	科学施肥技术	配施有机肥	测土技术的便易性提高、成本降低
		合理配比	
		掌握科学的施肥、用药时间和方式	
		开发微生物农药	
		开发缓释技术，如膜控制释放技术（MCR）	
	缓冲带技术		正确选择缓冲带种类、宽度，控制缓冲带从种植到成熟的延时间隔
	污染物处理和防治技术		明确污染扩散的机理，找到防污、治污的最优阶段
	保护性耕作技术	免耕	该技术的实施会增加农民的劳作强度，因而农民的自愿实施意愿严重影响实施效果
		少耕	
		间套复种	
		等高线条带种植技术	
	科学灌溉技术	沟灌	节水灌溉技术的进步以及农村基础设施，尤其是农田水利设施的建设是该技术发挥作用的基础
		畦灌	
		喷灌	
		微灌	
		滴灌	
	辅助技术	3S 技术	信息技术进步及基础数据的采集是其基础，也是其功能
		决策支持系统（DSS）	
		示踪技术	
政策措施集	政府引导型措施	法律、规章、条例、标准	找到环境承载的边界，加强环境立法，需要监测技术的支持
		国家增加对农村公共物品供给的财政投入	做到专款专用
		正确选择农业非点源污染调控措施的推广角度	—
		政府必须参与监管	无监管状态下的博弈均衡处在无人参与的状态
		监管对超量排污的罚金越高越好，且监管成本越低越好	严肃惩处制度，精简监管机构，明确职责，提高监管效率
		鼓励农村非政府组织的建立，实现信息共享、	寻找共同利益点，运用科学的经营

分类	调控措施			关键点/前提条件
政策措施集	经济激励型措施	风险共担、成本共担，有助于技术推广和普及		管理模式
		征收环境税		税率的确定
		完善产权制度	明晰产权	合理安排产权边界，尽量降低产权分配成本
			稳定产权分配	给农民产权保障，避免短期行为
			提供相应的产权组合	增加机会成本
		污染治理基金		国家出资建立种子基金，有效管理基金运作
		发放补贴		确定补贴方式和补贴额度
		收费制度		确定非点源污染的生产函数，据此确定收费标准
		排污权交易		确定排污权分配或确定污染信用的量化标准；确定点源-非点源污染的交易比率
	市场引导型措施	建立、健全市场机制，加速市场化进程		通过价格、成本收益率调节农业生产安排和生产方式
		完善农村金融制度，使环境指标进入金融市场，利用金融市场完成公共物品供给的融资		农民认可、了解并有能力进入金融市场
		开发农业保险项目		为农民的农业生产行为提供保障
		市场的"末端激励"	"双赢"生产函数激励	确定"双赢"生产函数
			定价激励	差异化市场的形成
		消费者的"需求激励"		
非正式制度措施集	教育	农村基础教育		提高农民环保意识
		农村职业教育、农技培训		提高农民减污、治污的技术水平
	鼓励互惠行为			有适宜的激励使互惠行为持续下去
	信仰、道德准则和责任约束			依赖于教育成果和社会环境的综合影响

8.4 小结

本章在认真、客观地分析了我国农业非点源污染调控的"瓶颈"后，综合"三农"发展、国家粮食安全、环境效益等目标制定了调控目标的设计原则，并结合吉林省新农村建设的目标确定了吉林省农业非点源污染调控目标，提出了有效调控农业非点源污染的思路，从工程技术措施、政策制度措施、非正式制度措施等方面分类分析、总结了调控措施集，进而构建了吉林省农业非点源污染调控体系。

9 结论与展望

9.1 结论

以外部性特征理论、产权理论、公共物品供给理论、交易费用理论以及行为经济学的前景理论作为理论分析基础，对农业非点源污染作了全面的理论阐述。然后，运用博弈论、仿生神经网络算法以及 AnnAGNPS 模型，分别对农业非点源污染调控农户行为、农业非点源污染预测以及农业非点源污染系统动态模拟进行研究，在对研究区农业非点源污染及调控实地调研与分析基础上，结合现状，进而构建了吉林省农业非点源污染调控体系，为吉林省乃至全国农业非点源污染调控提供借鉴。

9.1.1 农业非点源污染调控的理论分析

（1）运用外部性特征理论对农业非点源污染进行分析

主要研究结论如下：外部性分析表明，农业非点源污染具有典型的生产的负外部性；外部性形成的原因源于产权界限不清、市场失灵以及利益的分散性等；外部性对农业经济效率的损害分析表明，负外部性对农业经济效率造成了损害；外部成本内部化的方法探讨表明，在环境负外部性内部化的过程中，教育也是不可忽视的内部化手段之一。外部性理论的分析对农业非点源污染调控提出了如下要求：①建立健全市场机制，使市场化趋于完全；②明晰环境资源产权，或通过产权分离，将所有权、使用权、控制权、保护权等分治，并控制产权分配的成本；③稳定产权分配状态，赋予农民足够的产权保障，避免短期行为；④加强立法和相关环境标准的制定，加大政府的参与力度；⑤加快农业非点源污染监测的技术进步，在技术支持下实现环境信息的透明、公开和对称。

（2）运用产权理论对农业非点源污染进行分析

主要研究结论如下：通过产权理论解决农业非点源污染调控问题，其重要的一步就是要实现相关产权的组合分配；明晰产权是解决农业非点源污染这类外部性问题中的关键手段，在流域水资源这种私有化不可能实现的资源领域，需要使治理权、防污权得以明晰，明确划分水资源使用权和水质保护权。

（3）运用公共物品供给理论对农业非点源污染调控进行分析

主要研究结论如下：首先，国家应加大对农村公共物品供给的财政投入，将相关的紧缺的、关系到农业可持续发展的公共物品供给列入国家财政预算中，率先保证相应资金到位情况；其次，应该促使"减少农业非点源污染排放"这一目标从国家、政府在可持续发展战略选择上的要求转变为农业生产者的一种基于私人利益追求的需求；最后，尽快完善农村金融制度，促进环境保护等公益事业产业化，利用金融市场解决农业非点源污染调控过程中公共物品供给的融资问题；此外，鼓励农村金融创新。通过设计包含环境指标在内的环境指数，并使其进入金融市场进行交易，为相关的生产者和消费者提供激励，使其关注农业非点源污染及其调控情况。

（4）运用交易费用理论对农业非点源污染调控中的交易费用进行分析

主要研究结论如下：应尽量完善信息披露制度，降低决策过程中的信息成本；提高市场有序性，完善市场机制，以降低政策执行成本；明晰农业非点源污染调控相关的物品、资源产权，以减少调控中的排他成本，进而提高农业非点源污染调控的有效性。

（5）运用行为经济学的前景理论对农民行为决策的影响因素进行分析

主要研究结论如下：首先，政府需继续强化农村基础教育，从道德层面提高农民对农业非点源污染调控的责任感和自愿性；其次，在技术进步的支持下，大幅降低农业非点源污染调控关键步骤的成本，降低措施实施的风险，提高调控后农业生产的成本收益率；再次，正确选择农业非点源污染调控措施推广的切入点，降低农民的心理压力，增强激励；再者，在政策制定上鼓励并奖励互惠人群，对自利人群实施直接惩罚；最后，积极开发农业保险项目，为农民的生产行为提供有效保障，减少农业非点源污染调控措施的推广阻力。

9.1.2 基于博弈论的农业非点源污染调控农户行为分析

在"源头治理"的原则指导下，进行农业非点源污染调控博弈分析，主要研究结论如下。

（1）农户参与农业非点源污染调控措施的行为决策分析结果显示

①农户之间的博弈。在无监管条件下，即在市场竞争条件下，农户都不愿参

与调控措施。同时也可以说明，在完全信息条件下，只要有一个农户不参与，其他农户就有不参与的动机；在有监管条件下，政府强制监管对农业非点源污染的治理是有效的，但其条件是罚款金额要高于农民不参与调控措施的成本节约；否则，纳什均衡仍维持在（不参与，不参与），农民将宁愿以缴纳罚款替代参与调控措施。

②对农户与监管部门（政府）之间的博弈。农民参与的概率越大，说明政府的监管越有效。这表明，在制度设计中，强、弱监管间的罚款金额的差别要大于监管成本的差别，且越大越好。从中我们发现，在我国的国情限制下，要想实现农业非点源污染的有效调控，就应尽量降低政府进行全面监管的成本，研发简便、高效的监测手段，并辅以畅通、高效的制度保障。在是否参与调控措施的问题上，农民作为决策者，其决策的依据也包括其他竞争者的决策和市场、政策环境的变化。因而，合理利用市场竞争、重新进行制度设计、对农民的生产行为进行引导和激励，在解决环境污染问题上是至关重要的。

（2）农业非点源污染调控相关公共物品供给投资的博弈分析结果显示

①农户之间的博弈。在非合作博弈过程中，农户之间没有合作，没有协商，因而是一个非合作博弈，（不出资，不出资）是该博弈过程的占优策略均衡，也是博弈的纳什均衡。该均衡的含义在于：任何一个农户单方面改变策略，情况都会比现在更糟糕。但从社会效用上分析，在农户个人效益优化的情况下，社会总效用只有低于任何一种策略的情形；故这种均衡并非是帕累托有效的。合作博弈情况下实现的共同出资的均衡，可以同时实现个人效用的最优和社会总效用的最优，是一个可以实现帕累托最优的均衡。进而，这个博弈模型可以通过合作进行改进。

②对农户与监管部门（政府）之间的博弈。考虑参数的变化对政府和农户最优选择具有影响。

（3）博弈分析对农业非点源污染调控提出政策建议

①政府必须参与农业非点源污染调控，对农户的污染行为、对农业生产中的污染排放进行监管；②政府相关部门应完善农业污染监督机制，制定严格、有力的惩罚制度，实施强监管方案，增加农民农业非点源污染行为的成本，以此来使农民止步于农业非点源污染行为；③强监管的有效性条件在于：罚款金额应高于农民不参与调控措施的成本节约，以农业生产的成本收益率来制约农业非点源污染行为；④为了有效解决农业非点源污染调控中的公共物品供给问题，政府相关部门应该引导、促进农民之间形成具有公共利益的协作组织，制定具有强制、约束力的协议，使各自对生产利润的追求成为一种合作博弈，以增加社会总效用，实现博弈均衡的帕累托最优；⑤通过制度设计，为公共物品供给的事前支付提供

优惠，增加事前支付成本与事后使用公共物品的补偿支付成本的差异，以此鼓励农户主动出资参与农业非点源污染调控相关公共物品的供给；⑥加强环保教育，提高农民对农业非点源污染的认识，提高农民对农业非点源污染调控的主观需求，促进农民积极主动地参与调控措施，进而提高农民对农业非点源污染调控相关公共物品的评价，以调控主体的身份，推动农业非点源污染调控相关的公共物品的有效、及时地供给；⑦国家应加强对农业非点源污染调控的财政支持，在当前的发展阶段为农业非点源污染调控提供公共物品供给保障；⑧完善经济行为主体的意愿表达机制，建立健全信息披露制度，使农民能够真实、客观地表达其对农业非点源污染调控相关公共物品的评价和需求意愿，为政府作为提供激励。

9.1.3 基于仿生神经网络算法的农业非点源污染预测研究

基于仿生神经网络算法的农业非点源污染预测研究，主要研究结论如下。

①基于仿生 BP 神经网络模型算法的农业源氨氮排放量预测模型输出结果分析显示：结果误差率均低于 5%，说明该模型是有效的，完全可以用于农业源氨氮的预测；②基于仿生 BP 神经网络模型的农业源化学需氧量（COD）的预测模型结果分析显示：模型输出结果误差率均低于 5%，说明该模型是有效的，完全可以用于农业源 COD 的预测与预报。但是也有一些误差，分析其原因可能一方面在于模型中采用的指标本身就不够全面，另一方面在于所获得的原始数据在统计中有一些误差。另外，由于复杂多变的内外部环境因素的原因，理论研究总是和具体的客观实际有一定的差距，这些差距还需要研究人员的主观能动性进行弥补。

9.1.4 基于 AnnAGNPS 模型的农业非点源污染系统动态模拟

基于 AnnAGNPS 模型的农业非点源污染系统动态模拟，主要研究结论如下。

（1）模拟结果分析

通过研究区非点源污染实地调查、确定输入参数、处理空间数据以及模型运算等步骤，对新立城水库流域进行 AnnAGNPS 模型模拟。结合调查和模拟分析知道，非点源产生的泥沙、总氮和总磷负荷空间分布比较近似，主要有以下几个特点：①污染物的输出以较大几率出现在坡度较大的区域。这一方面表明地形影响非点源污染物的流失，在其他条件相同时，坡度较大的区域产生污染物负荷比较大；另一方面表明区内泥沙侵蚀与总氮、总磷负荷的产密切相关，被侵蚀的泥沙成为总氮和总磷污染物流失的重要载体，当降雨生径流时，氮、磷等营养物质与泥沙一起进行迁移。②氮磷污染负荷的分布和化肥的使用量及施用方式密切相关。③污染负荷的分布和自然环境密切相关。

（2）总氮、总磷以及泥沙输出量的时间分布图分析

结合该区域的年内平均降雨量，绘制总氮、总磷以及泥沙输出量的时间分布图，分析得出在模拟期内，污染质负荷的时间分布有以下几个特点：①沙、总氮和总磷污染负荷主要集中在 6 月、7 月和 8 月；②泥沙、总氮和总磷污染负荷的高峰同时出现在 7 月份，由于东北地区为保证作物丰收施用大量底肥、在不同阶段要追加不同的肥料、8 月份已经不再施肥。

9.1.5 新立城水库农业非点源污染系统动态模拟研究

新立城水库农业非点源污染系统动态模拟研究，主要研究结论如下。

（1）农业非点源污染控制政策效应动态模拟结果分析表明：农业非点源污染控制政策对人体健康的影响程度变化趋势类似于农业非点源污染控制政策的环境效应的变化。①在农业非点源污染控制政策的效应模拟初期，农业非点源污染控制政策的环境效应变化并不明显，这主要是因为在农业非点源污染控制政策实施初期，由于经验少、准备不足等原因是政策实施受到阻碍，而且农业非点源污染对环境的影响是一个循序渐进的过程，无法达到非立竿见影的效果；②在农业非点源污染控制政策的效应模拟初期，农业非点源污染控制政策的经济效应曲线，呈现出下降的趋势，这是由于农业非点源污染控制政策实施初期，加大环境污染治理投资力度，政府投入了大量资金，然而这一时期的农业非点源污染排放量减小的并不明显。

（2）农业非点源污染控制政策效率动态模拟结果分析表明：环保型产品使用程度变量及政策弹性变量的模拟行为曲线运动轨迹，基本与监督有效程度变量的运动轨迹一致，原因也大体相同，在此不再赘述。市场诱导程度与农业非点源污染控制效率呈反方向变化，这是因为，在市场中由于普通低质农药化肥的价格普遍比复合有机肥料低，再加上农民容易被低价所吸引，从而影响农业非点源污染控制政策的实施效率。

9.1.6 吉林省农业非点源污染及调控现状调查与分析

吉林省农业非点源污染及调控现状调查与分析，主要研究结论如下。

为了了解吉林省农业发展、农村建设、农业非点源污染及调控的实际情况，为调控体系的构建提供基础信息，该研究在吉林省范围内选择长春市新湖镇加官村和松原市宁江区农林村进行了实地调研。

（1）农业非点源污染现状

①化肥、农药过量施用；②畜禽养殖业发展迅速但规模化程度较低；③生活污水及农业固体废弃物处理率低。

（2）导致农业非点源污染的客观因素

①吉林省的农业生产基本还呈现粗放型的生产经营模式；②吉林省的养殖业发展较好；③农田水利设施缺失。

（3）导致农业非点源污染的主观因素

①农民的农业环境保护意识较弱；②农民生产行为的环保导向不明确；③农民的农业环境保护技能较差；④产量对施肥行为的影响；⑤农田肥力对施肥行为的影响；⑥化肥价格对施肥行为的影响。

（4）吉林省农业非点源污染调控的难点

①加强基础教育，扩大基础教育的知识覆盖面，加入环保教育；②以相应的经济收益作激励，鼓励农民沿着个人利益与社会利益、经济利益与环境利益"双赢"的生产前沿安排生产；③大力推进精细农业、精准农业；④构建完善、有效的农业环境知识传播渠道；⑤抓试点工程和示范基地，发挥示范效应的作用；⑥构建系统、全面的农业非点源污染调控体系，以目标为导向，以调控措施为手段，有针对性、有效性地调控吉林省的农业非点源污染。

9.1.7 吉林省农业非点源污染调控体系

吉林省农业非点源污染调控体系研究，主要研究结论如下：

（1）调控目标

截至 2010 年，全省粮食综合生产能力实现 275 亿 kg 阶段性水平；农业总产值实现 1 260 亿元；农民年人均纯收入达到 4 350 元；将全省各流域径污比（即该区域河流径流量与排放河网的污水排放量的比）恢复至 20∶1——通常情况下河流具有自净能力的径污比的最低限为 20∶1；农村居民对农村的生活环境以及农业生产环境的满意度达到 85%。

（2）调控思路

①以农业生产专业化、农业现代化为思路调控农业非点源污染；②以农业清洁生产为思路调控农业非点源污染；③将农业非点源污染调控渗透到整个农业生产生命周期，以产前、产中、产后为线条实施调控计划，即可以按照产前、产中、产后的阶段来构建农业非点源污染调控体系，实现"源头治理"与"末端激励"相结合；使农业污染调控发展成为半公益、半盈利行业，实现专业化发展，实现"双赢"。

（3）调控措施集

①工程技术调控措施，大力发展"白色农业"、污染计量技术以及信息技术；②政策制度调控措施，因地制宜地进行制度设计，并运用经济激励措施，引导农民进行合理的行为决策，避免因环境问题的外部性导致资源配置低效；③非正式

制度调控措施，包括教育与自愿参与、道德准则和责任约束。因此，农业非点源污染调控措施集总结见表8-1。

9.2　展望

　　笔者试图通过研究构建一个完整的农业非点源污染调控机制，并针对吉林省的具体问题、具体情况，给出可以对实际情况进行响应的、有效的调控选择机制，并实现其对各种参数值、目标值、约束条件响应的普适性。但由于实际调研中，缺乏相关数据的支撑，同时也限于笔者的经历和篇幅，没有实现预期的设想。该研究只能在现有调研、理论分析、模型分析的基础上对吉林省农业非点源污染调控问题进行体系构建，其后续工作还需在今后的研究中完善，同时，相关数据的测定和跟踪还有赖于农业非点源污染治理、监测技术的进步和完善。

　　通过技术支持、政策指引、管理协调、非正式制度约束等方面的调控，农业非点源污染调控体系运行的目标应为：

　　从监测技术上看，人们清楚地知道环境对污染排放的承载能力；

　　从调控技术上看，人们知道如何去控制、如何去治理，并掌握相关的技术和方法；

　　从制度设计上看，将资源环境因素纳入农村城镇化的社会经济大系统中，制度设计足以激发农民参与调控措施的主动性与积极性，同时在监测技术的支持下，建立农业和农村自然资源核算制度；

　　从部门分配上看，各项工作都有专业化的人员负责，且权责明晰；

　　从体系构建的完整性上看，有科学、可靠的考核和预警系统。

　　因而，在该研究的基础上，今后的农业非点源污染调控方面的研究还可以沿以下几个方向继续深入。

　　①继续深入监测、模拟农业非点源污染各种污染源、污染物的扩散方式和扩散途径，测算其扩散速度，量化污染边界，以实现污染预测、污染预报为研究目标，为调控制度的制定提供充足的信息资料和客观基础。

　　②继续开发农业非点源污染调控的新技术，在重视有效性、实用性的同时，降低成本，提高可操作性，降低技术应用对操作人员素质的要求，以适应我国农民知识水平、综合素质的阶段性水平，便于先进技术的顺利推广。

　　③针对实际问题、结合农村当地的生产水平、产业水平测算农业生产函数，在考察农业发展水平和生产绩效的过程中采用绿色GDP核算方法，将环境成本有效计入农业生产成本中去，进而在综合考虑经济效益、环境效益的同时，探求最优的生产前沿面，找到能够使农户、政府、环境均受益的生产方式，运用多维博

弈的思路寻求均衡。

④运用非完全共同利益群体合作博弈模型讨论农业非点源污染调控问题中，包括农户、政府、农业专业合作组织在内的各行为主体之间的权利分配、利益分配问题，进一步研究行为主体行为决策与农业非点源污染调控之间的相关性和互动性，为农业非点源污染调控问题探求"共赢"的解决方案。

⑤在体系研究、模型研究、技术研究、实证数据收集齐备的情况下，进行农业非点源污染调控的政策模拟，通过政策模拟，科学、有效、定量地对调控措施进行优选，实现对调控结果的预测，提高农业非点源污染的调控效率。

⑥对农业非点源污染调控体系设计绩效评价指标体系，以该体系为定量考评工具对农业非点源污染进行预警和调控效果评估，为后续工作提供参照、借鉴和经验，在污染调控过程中形成良性循环和持续动力。

参考文献

[1]   Ahuja L R，DeCoursey D G，Barnes B B，et al. Characteristics of macrospore transport studied with the ARS root zone water quality model [J]. Transactions of the ASAE，1993，36: 369-380.

[2]   And a computer model to evaluate impacts of agricultural runoff on water quality. Water Resource Bulletin，1993，29（6）: 891-90.

[3]   Anderson T L. Donning Coase-coloured glasses: a property rights view of natural resource economics[J]. The Australian Journal of Agricultural and Resource Economics，2004，48（3）: 445-462.

[4]   Barnes B B. Characteristics of macrospore transport studied with the ARS root zone water quality model[J]. Transactions of the ASAE，1993，4（1）: 369-380.

[5]   Boers P. C. M. Nutrient emissions from agriculture in the Netherlands: causesand remedies[J]. water Sci. Technol，1996，33: 183-190.

[6]   Breve M A，Skaggs R W，Parsons J E. DRAINMOD-N，a nitrogen model for artificially drained soils[J]. Transactions of the ASAE. 1997，40（4）: 1067-1075.

[7]   Brown D. Law and programs for controlling non-point source pollution inforest areas[J]. Water Resource Bulletin，1993，13（4）: 1-3.

[8]   Chambers B J，Lord E I，Nicholson F A. Predicting nitrogen availability and losses following application of organic manures to arable land: MANNER[J]. Soil Use and Management，1999，15: 137-143.

[9]   Chung S W，Gassman P W，Kramer L A. Validation of EPIC for two watersheds in southwest Iowa[J]. Journal of Environmental Quality，1999，28: 971-979.

[10]   Common. The economics of a stock pollutant: aldicarb on Long Island[J]. Environmental and resource economics，1977，2（3）: 245-258.

[11]   D. Horan. Differences in Social and Public Risk Perceptions and Conflicting Impacts on Point/Nonpoint Trading Ratios[J]. American Journal of Agricultural Economics，2001，83（4）:

934-941.

[12] Dosi C, Merotto M. Nonpoint source externalitics and polluter's site quality standards under incomplete information, Nonpoint Source Pollution Regulation: Issues and Analysis[M]. The Netherlands: Klnmer Academic Publishers, 1994.

[13] Eli Feinerman, Dafna M, Disegni Eshel. Recycled Effluent: Should the Polluter Pay[J]. American Journal of Agricultural Economics, 2001, 83 (4): 958-971.

[14] Fehr, Ernst, Simon Gachter. Fairness and retaliation: the economics of reciprocity[J]. Journal of Economic Perspectives, 2000, 14 (3): 159-181.

[15] Follett R F, Keeney D R, Cruse R M. Managing nitrogen for groundwater quality and farm profitability[C]. Madison, WI: Soil Science Society of America, 1991: 285-322.

[16] He C, Riggs J F, Kang Y T. Integration of geographic information systems.

[17] Hutson J L, Wagenet R J. L EACHM: leaching estimation and chemistry model: a process based model of water and so lute movement transformations, plant up take and chemical reactions in the unsaturated zone [R]. SCAS Research Series No. 92-3. New York: Cornell University, Ithaca, N Y, 1992.

[18] Johnsson H, Bergstrom L, Jansson P E. Simulated nitrogen dynamics and losses in a layered agricultural soil[J]. Agric Ecosyst Environ, 1987, 18: 333-356.

[19] Jou J B. Environment, irreversibility and optimal effluent standards[J]. The Australian Journal of Agricultural and Resource Economics, 2004, 48 (1): 127-158.

[20] Knisel W G. CREAMS: a field scale model of chemicals, runoff and erosion from agricultural management system[R]. Report No.26. ARS, USDA, 1980.

[21] Knisel W G, Davis F M, Leonard R A, et al. GLEAMS version 2.10. USDA-ARS, Coastal plain[R]. Experiment Station. Southeast Watershed Research Laboratory. Tifton, Georgia, 1993.

[22] Kronvang B. Diffuse Nutrient losses in denmark[J]. Water Sci. Technol, 1996, 33: 81.

[23] Lahlou M, Shoemaker L, Paquette M. Better assessment science integrating point and non-point sources, BASINS Version 1.0 User's Manual[R]. EPA 823-R-96-001. U. S. Environmental Protection Agency, Office of Water, Washington DC, 1996.

[24] Loris Strappazzon, Mark Eigenraam, Charlotte Duke, Gary Stoneham. Efficiency of alternative property right allocations when farmers produce multiple environmental goods under the condition of economies of scope[J]. The Australian Journal of Agricultural and Resource Economics, 2003, 47 (1): 1-27.

[25] Luiza Toma, Erik Mathijs. Environmental risk perception, environmental concern and propensity to participate in organic farming programs[J]. Journal of Environmental Management, 2007, 83: 145-157.

[26] Marc O. Ribaudo. The Role of Education in Nonpoint Source Pollution Control Policy[J]. Review of Agricultural Economics，1999，21（2）：331-343.

[27] Mark E. Smith，Noel D. Uri. Agricultural Chemical Residues as a Source of Risk[J]. Review of Agricultural Economics，2000，22（2）：313-325.

[28] Nadine Turpin，Gilles Rotillon，Ilona Bärlund. AgriBMPWater：systems approach to environmentally acceptable farming[J]. Environmental Modelling & Software. 2005，20：187-196.

[29] Naiman. Balancing Sustainbility and Evironmental Change[J]. Watershed Management，1992，4（7）：23-30.

[30] Neitsch S L，Arnold J G，Kiniry J R. Soil and water assessment tool user's manual：Version 2000[R]. Temple，Texas：Blackland Research Center，Texas Agricultural Experiment Station，2001.

[31] Novotny N，Olem H. Water Quality：Prevention，Identification，and Management of Diffuse Pollution[M]. Van Mostrand Reinhold，New York，1993.

[32] O'Shea. L. An Economic Approach to Reducing Water Pollution：point and diffuse sources[J]. The Science of the Total Environment，2002，282：49-63.

[33] Prakash Basnyat，Lockaby，K. M. Flynn. The use of remote sensing and GIS in watershed level analyses of non-point source pollution problems[J]. Forest Ecology and Management，2000，128：65-73.

[34] R. 科斯，A. 阿尔钦，D. 诺斯，等. 财产权利与制度变迁——产权学派与新制度学派译文集[M]. 上海：上海三联书店，2003.

[35] Rabus B，Eineder M，Roth A，et al. The shuttle radar topography mission a new class of digital elevation models acquired by spaceborne radar [J]. ISPRS Journal of Photogrammetry&Remote Sensing，2003，57：241-262.

[36] Richardson C W，Foster G R，Wright D A. Estimation of erosion index from daily rainfall amount. Transactions of the ASAE，1983，26（1）：153-156.

[37] S. Hughes Popp. Theory and Practice of Pollution Credit Trading in Water Quality Management[J]. Review of Agricultural Economics. 1997，19（2）：252-262.

[38] Sheriff G. Efficient Waste？ Why Farmers Over-Apply Nutrients and the Implications for Policy Design[J]. Review of Agricultural Economics. 2004，27（4）：542-557.

[39] Shortle J S. The Economics of Nonpoint Pollution Control[J]. Journal of Economics Surveys. 2001，15（3）：251-253.

[40] Sivertun A，Prange L. Non-point source critical area analysis in the Gissel watershed using GIS[J]. Environmental Modelling&Software，2003，18：887-898.

[41] Skaggs R W. DRAINMOD reference report [R]. Interim technical release, Biological and Agricultural Engineering Department, North Carolina State University, Raleigh NC, 1989.

[42] Tiezzi S. External Effects of Agricultural Production in Italy and Environmental Accounting[J]. Environmental and Resource Economics, 1999, 13: 459-472.

[43] United States Geological Survey. Shuttle Radar Topography Mission documentation: SRTM Topo[EB/OL]. http://edcftp. cr. usgs. gov/pub/data/srtm/Documentation/SRTM_Topo. txt.2003.

[44] Wes Byne, Predicting Sediment Detachment and Channel Scour in the Process-Based Planning Model ANSWERS-2000, 2000, Blacksburg, Virginia.

[45] Wischmeier W H, Johnson C B, Cross B V. A soil erodibility nomograph for fearmland and construction sites [J]. Soil Water Conser, 1971, 26: 189-193.

[46] Wischmeier W H, Mannering J V. Relating of soil properities to its erodibility[J]. Soil Science Society of American Proceedings, 1969, 33 (1): 131-137.

[47] YIN C. The multipond system as the protective zone used in the management of Lakes in China[J]. Hydrobiologia, 1993, 21 (7): 321-329.

[48] Young R. A. AGNPS: A non-point source pollution model for evaluating agricultural watersheds[J]. Soil and Water Conservation, 1989, 44 (2): 168-173.

[49] 鲍强. 中国水污染防治政策目标和技术选择[J]. 环境科学进展, 1993, 15 (4): 1-24.

[50] 鲍全盛. 我国水环境非点源污染研究与展望[J]. 地理科学, 1996, 9 (5): 66-71.

[51] 仓恒瑾, 许炼峰, 李志安, 等. 农业非点源污染控制中的最佳管理措施及其发展趋势[J]. 生态科学, 2005, 2 (24): 173-177.

[52] 曹凤中, 曹葵. 可持续发展农业指标体系[J]. 环境科学与技术, 1999, 4: 1-4, 38.

[53] 陈安国. 美国排污权交易的实践及启示[J]. 经济论坛, 2002, 16: 43-44.

[54] 陈国湖. 农业非点源污染模型 AGNPS 及 GIS 的应用[J]. 人民长江, 1998, 29 (4): 20-22.

[55] 陈洪波, 王业耀. 国外最佳管理措施在农业非点源污染防治中的应用[J]. 环境污染与防治, 2006, 28 (4): 279-282.

[56] 陈慧. 澳大利亚的全流域管理[J]. 环境导报, 1997, 8 (9): 3-6.

[57] 陈柳钦, 卢卉. 农村城镇化进程中的环境保护问题探讨[J]. 当代经济管理, 2005, 27 (3): 81-85.

[58] 陈龙. 论我国农村公共产品供给制度创新[D]. 中共中央党校, 2005.

[59] 陈西平. 计算降雨及农田径流污染负荷的三峡库模型[J]. 中国环境科学, 1992, 4 (12): 48-52.

[60] 陈欣, 郭新波. 采用 AGNPS 模型预测小流域磷素流失的分析[J]. 农业工程学报, 2000, 16 (5): 44-47.

[61] 陈泽坦, 刘奎. 有害生物综合治理（IPM）与可持续农业[J]. 热带农业科学, 2000, 86

（4）：69-82.

[62] 崔键，马友华，赵艳萍，等，农业面源污染的特性及防治对策[J]. 中国农学通报，2006，22（1）：335-340.

[63] 董志勇. 行为经济学原理[M]. 北京：北京大学出版社，2006.

[64] 发展改革委. 吉林省第一次全省境内污染源普查正式开始[Z]. 中央政府门户网站，http://www.gov.cn/zfjg/content_848900.htm，2008.

[65] 方子云，汪达. 水环境与水资源保护流域化管理的探讨[J]. 水资源保护，2001（4）：4-8.

[66] 付少平. 农民采用农业技术制约于哪些因素[J]. 经济论坛，2004（1）：104-105.

[67] 傅泽田，祁力钧. 国内外农药施用状况及解决农药超量施用问题的途径[J]. 农业工程学报，1998，9（16）：7-12.

[68] 甘小泽. 农业面源污染的立体化削减[J]. 农业环境与发展，2005（5）：34-37.

[69] 高超，张桃林. 农业非点源磷污染对水体富营养化的影响及对策[J]. 湖泊科学，1999，4（18）：369-375.

[70] 高超，朱继业，窦贻俭，等. 基于非点源控制的景观格局优化方法与原则[J]. 生态学报，2004，24（1）：109-116.

[71] 高峰. 农村公共物品的短缺及其解决[J]. 理论学习，2003（3）：28-29.

[72] 高吉喜，叶春. 水生植物对面源污水净化效率研究[J]. 中国环境科学，1997，13（4）：3-6.

[73] 何电源. 农业生态系统的养分平衡是可持续农业的重要条件[J]. 农业现代化研究，1999，20（4）：241-243.

[74] 何电源. 中国南方土壤肥力与作物栽培施肥[M]. 北京：科学出版社，1994.

[75] 何萍，王家骥. 非点源污染控制与管理研究的现状、困境与挑战[J]. 农业环境保护，1999，18（5）：234-237.

[76] 贺缠生，傅伯杰，陈利顶. 非点源污染的管理及控制[J]. 环境科学，1998，19（5）：87-91.

[77] 贺缠生. 非点源污染管理及控制[J]. 环境科学，1998，9（6）：87-91.

[78] 胡建民. 红壤坡地坡改梯水土保持效应分析[J]. 水土保持研究，2005，8（4）：271-273.

[79] 胡雪涛，陈吉宁，张天柱. 非点源污染模型研究[J]. 环境科学，2002，23（3）：124-128.

[80] 胡远安，程声通，等. 遥感与 GIS 辅助下的非点源模型空间参数提取[J]. 重庆环境科学，2003，25（10）：7-11.

[81] 吉林省 2007 年环境状况公报：2007 吉林省环境信息网 http://hbj.jl.gov.cn/ghcw/hjtj/zlgb/200806/P020080604556604984708.doc，2008.

[82] 吉林省政府. 吉林省生态省建设总体规划纲要[R]. 吉林省政府文件，2001.

[83] 贾宁凤. 基于 AnnAGNPS 模型的黄土高原小流域土壤侵蚀和养分流失定量评价[D]. 中国农业大学.

[84] 蒋鸿昆，高海鹰，张奇. 农业面源污染最佳管理措施（BMPs）在我国的应用[J]. 农业环

境与发展，2006（4）：64-67.

[85] 经济合作与发展组织. 税收与环境：互补性政策[M]. 北京：中国环境科学出版社，1996：41-42.

[86] 居水木. 我国农村公共物品供给模式研究[D]. 西北农林科技大学，2005.

[87] 科斯，诺斯，克劳德·梅纳尔. 制度、契约与组织——从新制度经济学角度的透视[M]. 成都：经济科学出版社，2003.

[88] 雷玉桃. 流域水资源管理制度研究[D]. 华中农业大学，2004.

[89] 李本纲，陶澍. 地理信息系统在环境研究中的应用[J]. 环境科学，1998，19（3）：87-90.

[90] 李怀恩，沈冰，沈晋. 暴雨径流污染负荷计算的响应函数模型[J]. 中国环境科学，1998（1）：15-18.

[91] 李怀恩，沈晋. 非点源污染数学模型[M]. 西安：西北大学出版社，1996.

[92] 李怀恩. 估算非点源污染负荷的平均浓度法及其应用[J]. 环境科学学报，2000，29（6）：397-400.

[93] 李怀恩. 水文模型在非点源污染研究中的应用[J]. 陕西水利，1987，7（5）：18-23.

[94] 李怀恩. 透水性流域非点源污染模型的初步研究[J]. 水利学报，1998（2）：16-19.

[95] 李俊奇，曾新宇，何建平. 激励机制在环境管理中的运用[J]. 北京建筑工程学院学报，2005，21（2）：17-20.

[96] 李克国. 对生态补偿政策的几点思考[J]. 中国环境管理干部学院学报，2007，17（1）：19-22.

[97] 李庆逵. 现代磷肥研究的进展[J]. 土壤学进展，1986，10（6）：1-7.

[98] 李锐，朱喜. 农户金融抑制及其福利损失的计量分析[J]. 经济研究，2007（2）：146-155.

[99] 李韵珠. 土壤水和养分的有效利用[M]. 北京：北京农业大学出版社，1994.

[100] 林芳荣，李学灵，吴亚蒂. 面污染源管理与控制手册[M]. 广州：科学普及出版社，1987.

[101] 刘礼祥，刘真. 人工湿地在非点源污染控制中的应用[J]. 华中科技大学学报：城市科学版，2004，21（1）：40-43.

[102] 刘绮，黄庆民. 非点源污染控制与管理研究现状[J]. 辽宁城乡环境科技，2002，3（7）：11.

[103] 刘雯，崔理华，朱夕珍，等. 水平流——垂直流复合人工湿地系统对污水的净化效果研究[J]. 农业环境科学学报，2004，23（3）：604-606.

[104] 刘雪，傅泽田. 我国农业生产的污染外部性及对策[J]. 中国农业大学学报：社会科学版，2000（3）：42-45.

[105] 刘毅，赵永新. 中外专家呼吁：农业面源污染已到非治不可地步. 人民网 http://www.people.com.cn/GB/huanbao/35525/2959668.html 2004.

[106] 刘志铭. 公共物品的私人提供与合作生产：理论的扩展[J]. 生产力研究，2004（3）：24-25，28.

[107] 卢现祥. 新制度经济学[M]. 武汉：武汉大学出版社，2003.

[108] 吕唤春. 千岛湖流域农业非点源污染及其生态效应的研究[D]. 浙江大学，2002：3-46.

[109] 吕耀. 农业生态系统中氮素造成的非点源污染[J]. 农业环境保护，1998，17（1）：35-39.

[110] 马立珊. 太湖流域水环境硝态氮和亚硝态氮污染的研究[J]. 环境科学进展，1987，5（3）：60-65.

[111] 迈克尔·迪屈奇. 交易成本经济学[M]. 成都：经济科学出版社，1999.

[112] 毛战坡，彭文启，尹澄清，等. 非点源污染物在多水塘系统中的流失特征研究[J]. 农业环境科学学报，2004，23（3）：530-535.

[113] 宁满秀. 农业保险制度的环境经济效应——一个基于农户生产行为的分析框架[J]. 农业技术经济，2007（3）：28-32.

[114] 牛建高，李义超，李文和. 农户经济行为调控与贫困地区生态农业发展[J]. 农村经济，2005（6）：71-74.

[115] 牛志明，解明曙. 非点源污染模型在土壤侵蚀模拟中的应用和发展动态[J]. 北京林业大学学报，2001，23（2）：78-84.

[116] 钱学森. 社会主义现代化建设的科学和系统工程[M]. 北京：中共中央党校出版社，1987.

[117] 任磊，黄廷林. 水环境非点源污染的模型模拟[J]. 西安建筑科技大学学报，2002，12（8）：9-13.

[118] 闫志刚，盛业华，左金霞. 3S 技术及其在环境信息系统中的应用[J]. 测绘通报，2001，增刊：17-20.

[119] 史志华，蔡崇法，等. 基于 GIS 的汉江中下游农业面源氮磷负荷研究[J]. 环境科学学报，2002，22（4）：473-477.

[120] 世华才讯. 中国化肥行业面临绝佳发展机遇[Z]. http://www.shihua.com.cn/news_showdetail.jsp?newsid=998191，2007.

[121] 水茂兴. 我国农业可持续发展与肥料科技[M]. 北京：中国农业出版社，1999.

[122] 苏懋康. 系统动力学原理及应用[M]. 上海：上海交通大学出版社，1986.

[123] 孙皓，刘淑梅，方鸿国. 农业面源污染防治对策研究[J]. 环境导报，2000（6）：32-34.

[124] 孙权，郑正，周涛. 人工湿地污水处理工艺[J]. 污染防治技术，2001，14（4）：20-23.

[125] 孙玉龙. 用 TDR 确定沙壤土非饱和淹灌条件下 NO_3^- 的入渗迁移[J]. 环境科学学报，1997，5（7）：417-422.

[126] 泰瑞·安德森，堂纳德·利尔. 从相克到相生——经济与环保的共生策略[M]. 北京：改革出版社，1997.

[127] 托马斯·思德纳. 环境与自然资源管理的政策工具[M]. 上海：上海人民出版社，2005.

[128] 万红飞，周德群. 可持续发展的能源、环境、经济关联模型[J]. 连云港化工高等专科学校学报，2000，13（3）：50-53.

[129] 汪水兵. 农业非点源污染与防治对策[J]. 安徽农业科学，2006，34（2）：294-295.

[130] 王飞儿，吕唤春. 基于 AnnAGNPS 模型的千岛湖流域氮、磷输出总量预测[J]. 农业工程学报，2003，7（13）：281-284.

[131] 王国祥. 人工复合生态系统对太湖局部水域水质的净化作用[J]. 中国环境科学，1998，12（4）：410-414.

[132] 王宏伟，程声通. 多媒体 3S 综合集成技术及在环境科学中的应用[J]. 环境科学，1998，19（2）：83-86.

[133] 王宁，林坚. 合作社与农业环境的可持续发展[J]. 华南农业大学学报：社会科学版，2002，1（2）：31-34.

[134] 王欧，方炎. 农业面源污染的综合防治与补偿经济制度的建立[J]. 农业面源污染与综合防治，2004（11）：18-19.

[135] 王其藩. 系统动力学[M]. 北京：清华大学出版社，1988.

[136] 王少丽，王兴奎，许迪. 农业非点源污染预测模型研究进展[J]. 农业工程学报，2007，23（5）：265-271.

[137] 王淑平，周广胜，等. 土壤微生物量氮的动态及其生物有效性研究[J]. 植物营养与肥料学报，2003，9（1）：87-90.

[138] 王伟武，朱利中，等. 基于 3S 技术的流域非点源污染定量模型及其研究展望[J]. 水土保持学报，2002，16（6）：39-44.

[139] 王文甫. 不完全信息下政府和消费者对公共产品的博弈分析[J]. 商业研究，2006（18）：41-43.

[140] 王晓燕. 非点源污染定量研究的理论及方法[J]. 首都师范大学学报：自然科学版，1996，17（1）：91-95.

[141] 王艳芳. 土壤氮素转化与运移理论的研究进展[J]. 宁夏农学院学报，2004，5（9）：53-56.

[142] 王中根，刘昌明，黄友波. SWAT 模型的原理、结构及应用研究[J]. 地理科学进展，2003，22（1）：79-86.

[143] 吴鹏鸣，姚荣奎，等. 环境监测原理与应用[M]. 北京：化学工业出版社，1995.

[144] 吴锡军，袁永根. 系统思考和决策实验室[M]. 南京：江苏科学技术出版社，2001.

[145] 肖冰. 农村土地产权制度改革思路比较及启示[J]. 世界经济情况，2007（6）：46-50.

[146] 徐蒿龄. 产权化是环境管理网联中的重要环节，但不是万能的、自发的、独立的[J]. 河北经贸大学学报，1999（2）.

[147] 许庆明，朱海就. 可持续发展的激励机制研究[J]. 浙江社会科学，2001（4）：70-73.

[148] 严健汉. 环境土壤学[M]. 武汉：华中师范大学出版社，1983.

[149] 阎吉祥，龚顺生，等. 环境监测激光雷达[M]. 北京：科学出版社，2001.

[150] 杨爱玲，朱颜明. 地表水环境非点源污染研究[J]. 环境科学进展，1999，7（8）：60-65.

[151] 杨开宝，郭培才. 梯田田埂水分耗散及其对作物产量的影响初探[R]. 水土保持通报，1994，14（4）：43-47.

[152] 杨开宝，郭培才. 梯田田埂水分耗散及其对作物产量的影响初探[J]. 水土保持通报，1994，11（5）：43-47.

[153] 杨润高，李红梅. 国外环境补偿研究与实践[J]. 环境与可持续发展，2006（2）：39-41.

[154] 杨雨东. 非点源污染的经济学防治措施[J]. 工业技术经济，2005，24（6）：74-76.

[155] 杨正礼. 我国农业环境承受双重压力[J]. 中国环境压力，2005，4（5）：145-149.

[156] 游战武. 我国农村公共产品供给模式及其价值补偿问题的研究[D]. 湖南大学，2006.

[157] 于峰，史正涛. 农业非点源污染研究综述[J]. 环境科学与管理，2008，33（8）：54-65.

[158] 张从. 中国农村面源污染的环境影响及其控制对策[J]. 环境科学动态，2001（4）：10-13.

[159] 张帆，李东. 环境与自然资源经济学[M]. 上海：上海人民出版社，2007.

[160] 张红举，崔广柏，冯健. 农业非点源污染模型研究概况[J]. 江苏环境科技，2002，15（2）：37-39.

[161] 张玲敏，马文奇. 农民施肥与环境教育的调查分析[J]. 农业环境与发展，2001（4）：42-44.

[162] 张时霖. 美国农业绿色补贴计划[J]. 世界农业，2000（5）：8-10.

[163] 张水铭. 农田排水中磷对苏南太湖水系的污染[J]. 环境科学进展，1993，6（8）：24-29.

[164] 张维迎. 博弈论与信息经济学[M]. 上海：上海人民出版社，1996.

[165] 张蔚文. 农业非点源污染控制与管理政策研究：以平湖市为例的政策模拟与设计[D]. 浙江大学，2006.

[166] 张效朴，李伟波，等. 吉林黑土上肥料施用量对玉米产量及肥料利用率的影响[J]. 玉米科学，2000，8（2）：70-74.

[167] 张欣，王绪龙，张巨勇. 农户行为对农业生态的负面影响及优化对策[J]. 农村经济，2005（11）：95-98.

[168] 张雪花. 非点源污染量化模型中重要影响因素的研究[J]. 水污染研究，2005，6（14）：11-15.

[169] 张瑜芳，张蔚榛. 排水农田中氮素运移、转化及流失规律的研究[J]. 水动力学研究与进展，1996，11（3）：251-260.

[170] 张瑜芳. 排水农田中氮素运移、转化及流失规律的研究[J]. 水动力学研究与进展，1996，2（3）：251-260.

[171] 章力建，朱立志. 农业立体污染综合防治的技术经济战略思路[J]. 内蒙古财经学院学报，2006（4）：5-11.

[172] 章立建，侯向阳，杨正礼. 当前我国农业立体污染防治研究的若干重要问题[J]. 中国农业科技导报，2005，7（1）：3-6.

[173] 章立建，侯向阳，杨正礼. 当前我国农业立体污染防治研究的若干重要问题[J]. 中国农业科技导报，2005，1（6）：3-6.

[174] 章立建，朱立志. 我国农业立体污染防治对策研究[J]. 农业经济问题，2005（2）：4-7.

[175] 郑一，王学军. 非点源污染研究的进展与展望[J]. 水科学进展，2002，3（12）：105-110.

[176] 周春喜. 农村非正规金融对经济增长的效率：浙江个案[J]. 改革，2007（4）：73-78.

[177] 周慧平，高超，朱晓东. 关键源区识别：农业非点源污染控制方法[J]. 生态学报，2005，25（12）：3368-3374.

[178] 周慧平，许有鹏，葛小平. GIS 支持下非点源污染模型应用分析[J]. 水土保持通报，2003，23（3）：60-63.

[179] 周沮澄. 固体氮肥施入旱田土壤中去向的研究[J]. 环境科学，1985，12（4）：2-7.

[180] 周密. 环境容量[M]. 长春：东北师范大学出版社，1987.

[181] 朱荫媚. 施肥与地面水富营养化[M]. 北京：中国农业科技出版社，1994.

[182] 朱兆良，孙波. 中国农业面源污染控制对策研究[J]. 环境保护，2008，384（8）：4-6.

[183] 朱兆良，文启孝. 中国土壤氮素[M]. 南京：江苏科技出版社，1998.

[184] 邹锐. 洱海富营养化时空分布模糊评价及成因对策分析[J]. 环境科学进展，1995，8（8）：36-41.

附录1 农业非点源污染相关情况调查问卷（农户）

编号：_____

调研单位：_____

一、基本情况调查

1. 您家有_____口人。具体情况请填下表：

序号	性别	年龄	职业	务农年限	受教育程度	是否接受过技术培训	备注
						是，__次，共__天/否	
						是，__次，共__天/否	
						是，__次，共__天/否	
						是，__次，共__天/否	
						是，__次，共__天/否	
						是，__次，共__天/否	
						是，__次，共__天/否	
						是，__次，共__天/否	
						是，__次，共__天/否	
						是，__次，共__天/否	

合计：农业劳动力_____人，非农劳动力_____人。

注：农业生产者计参加农技培训信息；其他人员计参加相关服务培训信息。

2. 您所参加的农技培训是什么部门组织的？_____
   其目的是什么？①普及知识；②推广新技术；③农用投入品的商业宣传；④其他_____
   您认为这些农技培训的实用性如何？①非常实用；②比较实用；③一般；④不太实用；⑤根本没用；⑥其他_____
   有何效果？_____

3．您还希望接受哪方面的技术指导或培训？＿＿＿＿＿＿＿＿＿＿＿

4．有无子女辍学？没有/有，为什么？＿＿＿＿　①孩子不愿意学；②家里供不起；
③认为上学没用；④其他＿＿＿＿＿＿＿＿＿＿＿＿＿＿＿＿＿＿＿＿＿

二、农业生产及环境问题

5．您家共有＿＿＿＿＿亩地。

6．您所使用的肥料种类是：①氮肥＿＿＿＿＿＿＿，单价＿＿＿＿元/kg；磷肥
＿＿＿＿＿＿，单价＿＿＿＿元/kg；钾肥＿＿＿＿＿＿＿，单价＿＿＿＿元/kg；②复
合肥，氮磷钾比例为＿＿＿＿＿＿＿，单价＿＿＿＿元/kg。

7．种植/养殖情况如下：

农业生产种类/（农/林/牧/渔）	数量/（亩/只）或（亩/头）	产量（种植业填写）	产值/元	施肥总量/（kg/亩）	氮肥/（kg/亩）	磷肥/（kg/亩）	钾肥/（kg/亩）	其他

注：种类包括作物种类、畜禽种类等。复合肥填入施肥总量中。

8．农业生产的成本，除了购买化肥外，还用在哪些方面？①农机；②种子；③地
膜；④除草剂；⑤杀虫剂；⑥杀菌剂；⑦化肥增效剂；⑧其他＿＿＿＿＿＿＿＿＿
其中，化肥的成本投入占农业生产成本的比例是＿＿＿＿＿%，占家庭总收入的比
例是＿＿＿＿＿%，农业生产成本占家庭总收入的比例是＿＿＿＿＿%。

9．您认为您的耕地土壤肥力状况如何？（①好；②一般；③肥力不足）

10．您的粮食作物的最好收成是＿＿＿＿＿kg/亩。当年的化肥施用量为：氮肥＿＿＿＿＿kg/
亩，磷肥＿＿＿＿＿kg/亩，钾肥＿＿＿＿＿kg/亩，其他＿＿＿＿＿＿＿＿＿＿＿＿＿；或
复合肥＿＿＿＿＿kg/亩。

11．您的耕地的粮食作物的平均收成是＿＿＿＿＿kg/亩。

12．您认为农业生产中化肥的成本投入处在什么水平？
①非常高；②较高；③适中；④较低；⑤很低

13．您通过什么方式购买化肥、农药？
①自己买；②生产组织负责统一购买；③和别人一起买

14．您如何选择化肥和农药？
①自己以前用过；②看广告；③听别人介绍；④农技服务机构推荐；⑤哪个
便宜买哪个；⑥其他＿＿＿＿＿＿＿＿＿＿＿＿＿＿＿＿＿＿＿＿＿

15. 您购买的化肥、农药生产厂家是否固定？①是；②不是

16. 您是否了解化肥、农药的相关质量标准、有效成分含量？①了解；②不了解

17. 您是否知道自己的耕地需要施加多少化肥、农药？
    ①知道。您是如何知道的？②不知道。您是如何确定化肥、农药施用量的？
    _____

18. 您认为过量施肥有害吗？有哪些危害？_____

19. 您所采用的灌溉方式是：①漫灌；②喷灌；③微灌；④滴灌；⑤沟灌；⑥淋灌；⑦其他_____
    灌溉强度是：平均_____天/次。
    如何排灌？_____

20. 一年种_____季。春_____，冬_____。有无轮作、间作？_____

21. 深耕情况：①一年一次；②一季一次；③免耕；④少耕；⑤其他_____

22. 有无养殖业？①有。品种：_____；数量：_____。
    畜禽粪便如何处理？_____
    ②没有。为什么？①劳动力不够；②没有相关技术；③市场风险太大；④其他_____

23. 生活污水如何处理？_____

24. 秸秆如何处理？_____

25. 农用地膜等农用物资实用后是否回收？（是/否）

26. 您认为农业生产会造成环境污染吗？_____

27. 您认为您的农作行为对环境造成污染了吗？_____

28. 您知道什么是农业非点源污染吗？_____

29. 您认为农业污染有哪些来源？会造成什么后果？_____
    _____

30. 您认为村里的环境污染来源有哪些？①生活垃圾；②化肥、农药；③家禽、牲畜粪便；④企业污染排放；⑤其他_____

31. 您认为现在的环境状况影响了您的个人利益了吗？（经济利益和生活水平）
    _____

32. （如果意识到环境问题的存在）您愿意用收入的_____%来治理污染？

33. 如果有相应的管理措施或新的替代性技术可以减少环境污染，您会采纳吗？
    _____
    在决策过程中，您考虑最多的因素是哪些？_____

34. 有没有农业生产组织？_____。
    是否参加了农业生产合作组织？（是/否）原因是_____

您认为农业生产合作组织的主要功能和职能是什么？_____

农业生产组织对农户有什么帮助？_____

农业生产组织与农户之间是什么关系？①委托代理；②命令与执行；③技术支持；④其他

参加农业生产组织对您的收入有何影响？①增加，②不变，③减少

您认为农业生产组织对农业环境污染能否起到一定的改善作用？_____

对农业生产合作组织的运行有什么建议？_____

35. 政府对绿色农业、有机农业、生态农业有哪些引导措施？_____

您认为政府对绿色农业、有机农业、生态农业等环境友好的生产方式的推广效果怎么样？①针对性强，但实施力度不够；②可以有效激励农民参与；③空洞，没什么作用；④没有相关的鼓励措施。

36. 政府或农业管理相关部门对化肥、农药、农膜的使用有没有规定和限制？

_____

有哪些限制？_____

对相应的治理和污染行为如何奖惩？_____

您如何看待这个奖惩的力度？①很大；②适当；③力度不够

您采取了哪些相应的措施？_____

37. 您家是否生产有机农产品？（是/否）种类_____，面积_____，产量_____，年产值_____。生产有机农产品是否给你带来更大的经济效益？（是/否）

38. 您认为应该如何治理农业生产中产生的污染问题？您对政府、相关部门的工作有何建议？_____

_____

39. 您近三年的农业生产投入—产出记录：

年份	投入（亩施肥量）/kg	产出（亩产量）/kg	备注
2004			
2005			
2006			

40. 畜禽养殖的目的：①自给自足；②打发农闲时间；③有计划的投资获利；④其他_____

41. 是否遭受过旱、涝灾害？（是/否）如遇自然灾害，最低收入是_____

42. 是否采用保护性耕作方式？①少耕；②免耕；③间套复种；④其他_____

43. 是否使用农机具？（是/否）①耕作机械；②排灌机械；③收获机械；④农用

运输机械；⑤植物保护机械；⑥其他机械_____

44. 您家拥有哪些农机具？多大功率？①旋耕机；②抽水机；③拖拉机；④联合收割机；⑤插秧机；⑥农用车；⑦其他_____

45. 农产品的流向：①自给自足；②统一收购；③分散出售；④深加工

46. 您如何确定每年的农业生产计划（包括生产品种和生产量）？①凭借往年经验；②看别人怎么决策；③依市场情况而定

47. 村里有无粮食深加工企业或农产品深加工企业？（有，有_____家；无）

三、农民生活水平指标数据调查（单位：元）

年份	家庭年收入	农业收入	粮食生产收入	非农收入	家庭总支出	农业生产成本	化肥农药成本	食品消费	子女教育消费	医疗消费	其他
2006											
2005											
2004											

四、非农生产情况

48. 您家有_____人外出打工。外出打工收入平均_____元/（月·人）。

49. 外出打工的原因：①家里劳动力过剩；②外出打工比农业生产挣的钱多；③出去学手艺、学技术；④其他原因_____

50. 对工作的满意度为：①很满意；②满意；③一般；④不满意；⑤极不满意

51. 对打工收入的满意度为：①很满意；②满意；③一般；④不满意；⑤极不满意

52. 是否进行农产品原料的深加工？（是/否）为什么？①缺少技术；②没有资金；③没有时间；④没有能力；⑤其他_____

五、生活条件调查

53. 农田劳动之外，如何安排剩余时间？①去邻居家串门；②看电视；③看电影；④体育锻炼等。

54. 您和家人（是/否）参与医疗保险。原因是_____

55. 村里医疗卫生条件怎么样？①非常好；②很好；③一般；④较差；⑤很差。

56. 您认为村里医疗收费：①非常高；②很高；③合理，能承受；④其他_____

57. 您的身体状况：①非常健康；②很健康；③比较健康，偶尔有小毛病；④较差，经常生病；⑤差，有严重的疾病。

58. 家人看病求医，会选择：①自己买药吃；②在当地诊所就医；③去上级医疗单位就医。

59. 空闲时间会安排：①家人聊天；②打麻将；③看电视；④看电影；⑤上网；⑥读书看报；⑦运动；⑧其他_____

60. 农闲时间会选择：①外出打工；②外出旅游；③走亲戚；④在家待着；⑤其他_____

61. 家里拥有的电器、设备有：①电视机；②电冰箱；③洗衣机；④计算机；⑤音响；⑥空调；⑦摩托车；⑧汽车；⑨其他_____

62. 您家_____人一起居住，住房面积_____，房屋结构是：①钢筋混凝土；②砖结构；③土坯房；④其他_____

63. 在您可以接触到的活动范围内，商业网点有_____个。其经营项目：①经营项目非常全，完全能够满足消费需要；②经营项目较全，能满足大部分消费需要；③一般，仅能满足日常消费需要；④经营项目很少，日常消费也不能满足；⑤其他_____

64. 除消费以外，收入余额如何处理会：①存入银行；②存入信用社；③投资做生意；④炒股；⑤其他_____

65. 您所在的村里有哪些文体娱乐设施？①网吧；②歌厅；③游乐场；④游戏厅；⑤体育场馆；⑥电影院；⑦其他_____

66. 您觉得自己的劳累程度：①很累；②一般；③比较轻松；④十分轻松

67. 您觉得生活压力主要来自于（可多选）：①经济方面；②工作方面；③子女教育；④子女或老人生活照料；⑤家务；⑥其他_____

六、生活保障问题

68. 您认为您所处的环境社会治安情况：①非常好，不担心安全问题；②比较好，偶尔有治安问题；③一般；④不太好，出入有一些顾虑；⑤非常不好，感到十分不安全；⑥其他。

69. 村里有无农村合作医疗保险、养老保险？（有/无）您是否参与？为什么？

七、基础设施建设

70. 村里是否通有线电视、广播、宽带网络？您家通了哪些？每年的费用是多少？_____

71. 您家所用的能源是哪种？①煤；②天然气；③液化气；④太阳能；⑤风能；⑥水能；⑦沼气；⑧其他_____

72. 是否通电？（是/否）用电收费标准是：_____

73. 饮用水来源是：①自来水；②水井；③其他_____用水收费标准是：_____

74. 村里的道路情况：①柏油路面；②水泥路面；③土路；④其他_____

75. 出门的主要交通工具是：①私家车；②公交车；③出租车；④三轮车；⑤摩托车；⑥自行车；⑦高速公路；⑧步行；⑨其他_____

76. 您对村里农田水利设施的满意度为：①很满意；②满意；③一般；④不满意；⑤极不满意

77. 村里共有_____所幼儿园，_____所小学，_____所初中，_____所高中。

78. 村里的教育质量如何？①非常好；②较好；③一般；④较差；⑤非常差

79. 学校的硬件条件如何？平房/楼房；砖房/土房/其他_____

八、乡风

80. 日常交往最频繁的人是：①亲戚；②朋友；③同事；④邻居；⑤同学；⑥其他_____

81. 生活上遇到困难或麻烦时，您经常找谁帮忙？①父母；②兄弟姐妹；③子女；④亲戚；⑤邻居；⑥好朋友；⑦同事；⑧其他_____

82. 农忙时，您家找邻居家帮忙吗？①经常找；②有时找；③很少找；④从来不找

83. 您对同村但不同组的人熟悉吗？①很熟悉；②较熟悉；③一般；④不太熟悉；⑤不熟悉

84. 您对邻里关系满意度：①很满意；②满意；③一般；④不满意；⑤极不满意

九、政务管理

85. 您对村干部管理的满意程度：①很满意；②满意；③一般；④不满意；⑤极不满意

86. 您认为村里的政务管理是否民主？①很民主；②一般；③不够民主

87. 您认为群众在农村政务决策中是否具有知情权、参与权、管理权、监督权，是否贯彻"一事一议"制度？（是/否）

十、小结

88. 您对现在生活的满意度达到_____分。（满分10分计）

89. 您是否认为你所在的村达到了"社会主义新农村"的标准？如果没有，那么差距在哪儿？_____

附录 2　吉林省农业非点源污染调控情况调查问卷（政府）

编号：＿＿＿＿＿
部门：＿＿＿＿＿＿＿＿＿＿＿＿

1. 您所在的部门将农业非点源污染调控工作放在一个什么样的位置？
2. 吉林省农业非点源污染的现状如何？
3. 对农业非点源污染的排放与扩散，我们采用了哪些监测指标和方法进行监测？对水域、土壤等都用哪些指标来监测？
4. 对农业非点源污染的预防、控制、治理做了哪些工作？从基础设施上、防治技术上、监测手段上、激励机制上等方面谈谈。工作（措施）的效果如何？
5. 吉林省是否设有农业非点源污染调控的专项经费？金额为多少？
6. 农业非点源污染的调控工作有没有与其他部门的合作？在哪些方面？
7. 调控工作的难点在什么地方？是技术支持不到位，资金不足，还是各执行部门的协调不够好？
8. 吉林省各水域的径污比是多少？在考虑环境自净能力的前提下，环境允许排放的农业非点源污染量是多少？
9. 目前，吉林省都采用哪些生产、防治技术来控制农业非点源污染？技术有效性如何？推广程度如何？农民对该技术的接受程度如何？该技术对生产成本、风险、收益有何影响？
10. 有没有对农民进行相关的培训、指导投入项目？农民的参与情况如何？这类投入项目是如何安排的？是普遍开展还是试点开展？
11. 农业非点源污染调控的主要技术支持来源于哪里？

12. 该部门以何种方式、模型或指标为依据来优化农业非点源污染调控实施?

13. 该部门是否已经制定农业非点源污染调控的目标计划?目标是怎样的?

14. 2008 年启动的吉林省污染源普查工作,对农业非点源污染有何安排?计划中是否包含定量测量工作?

后　记

　　本书是我从 2006 年以来在农业非点源污染相关领域研究的相关课题的一个阶段性的成果总结。从 2006 年开始，我先后承担了教育部留学回国人员科研启动基金"我国农业环境污染成因制度分析与农户行为动机及激励机制研究（教外司留 2007 1108 号）"、吉林大学基本科研业务费——科学前沿与交叉学科创新项目"基于系统动力学的农业非点源污染动态模拟与控制研究（200903273）"的部分研究成果。

　　课题研究过程中得到了我的博士导师杨印生教授的指导，并在本书写作过程中多次指点迷津，在此我表示深深的敬意；感谢课题组吕东辉教授、白丽副教授、张孝义讲师等同事在我的研究过程中给予我的支持和帮助。

　　在这里我还要特别感谢我的硕士研究生朱静雅、布克巴依尔、赵越、冯甘雨，他们在课题研究中作出的重要贡献，他们的辛苦工作是课题顺利完成的重要保障。

　　最后，我要感谢我的父母，他们含辛茹苦地把我培养长大，并时时刻刻关心着我的成长；我还要感谢我的爱人赵岸松女士，她的理解和支持是我完成这些艰难研究工作的动力；也要谢谢我的儿子郭烨，他也一直在鼓励我前进；他们永远是我的精神支柱。

郭鸿鹏

2013 年 1 月 21 日